LEITURAS  FILOSÓFICAS

VINCENZO FANO

AS CARTAS IMAGINÁRIAS DE DEMÓCRITO À FILHA
Um convite à filosofia

Tradução:
Miriam Campolina Diniz Peixoto

Edições Loyola

Título original:
Le lettere immaginarie di Democrito alla figlia – Un invito alla filosofia
© 2018 by Carocci editore, Roma
Corso Vittorio Emanuele II, 229 – 00186 Rome – Italia
ISBN 978-88-430-9003-7

Quest'opera è stata tradotta con il contributo del *Centro per il libro e la lettura* del Ministero della Cultura Italiano.

CENTRO PER IL LIBRO E LA LETTURA

Obra traduzida com a contribuição do *Centro per il libro e la lettura* do Ministério da Cultura Italiano.

Dados Internacionais de Catalogação na Publicação (CIP)
(Câmara Brasileira do Livro, SP, Brasil)

Fano, Vincenzo
  As cartas imaginárias de Demócrito à filha : um convite à filosofia / Vincenzo Fano ; tradução Miriam Campolina Diniz Peixoto. -- São Paulo, SP : Edições Loyola, 2023. -- (Coleção leituras filosóficas)

  Título original: Le lettere immaginarie di Democrito alla figlia : un invito alla filosofia
  ISBN 978-65-5504-236-8

  1. Cosmologia 2. Demócrito 3. Filosofia 4. Teoria do conhecimento I. Título. II. Série.

22-136719   CDD-100

Índices para catálogo sistemático:

1. Filosofia   100

Eliete Marques da Silva - Bibliotecária - CRB-8/9380

Capa: Inês Ruivo
Diagramação: Sowai Tam
Revisão: Gabriel Frade

Edições Loyola Jesuítas
Rua 1822 n° 341 – Ipiranga
04216-000 São Paulo, SP
T 55 11 3385 8500/8501, 2063 4275
editorial@loyola.com.br
vendas@loyola.com.br
www.loyola.com.br

Todos os direitos reservados. Nenhuma parte desta obra pode ser reproduzida ou transmitida por qualquer forma e/ou quaisquer meios (eletrônico ou mecânico, incluindo fotocópia e gravação) ou arquivada em qualquer sistema ou banco de dados sem permissão escrita da Editora.

ISBN 978-65-5504-236-8

© EDIÇÕES LOYOLA, São Paulo, Brasil, 2023

100993

Recordando meu irmão Giorgio.

SUMÁRIO

PREFÁCIO 11

Capítulo I
VIGIE A SI MESMA 13

Capítulo II
ALGUÉM NOS VÊ. O PARAÍSO 17

Capítulo III
SORRIA SEMPRE. A FELICIDADE 23

Capítulo IV
O MUNDO AINDA EXISTIRÁ. A MORTE 27

Capítulo V
ESPERAR SEM CRER 31

Capítulo VI
PROCURAR DEUS 37

Capítulo VII
O PRAZER INOFENSIVO DE CONHECER. A CIÊNCIA 41

Capítulo VIII
UMA EXPERIÊNCIA UNIVERSAL. A MATEMÁTICA 49

Capítulo IX
MATÉRIA QUE CALCULA. A INFORMÁTICA 59

Capítulo X
A REALIDADE DO INVISÍVEL. A FÍSICA 67

Capítulo XI
O SAL SE DISSOLVE NA ÁGUA. A QUÍMICA 81

Capítulo XII
SOMOS TODOS VENCEDORES. A BIOLOGIA 89

Capítulo XIII
AGORA LEVANTO UM BRAÇO. A PSICOLOGIA 95

Capítulo XIV
UM BEIJO AFETUOSO. A SOCIOLOGIA 101

Capítulo XV
QUANTO CUSTA UM SAPO? A ECONOMIA 109

Capítulo XVI
O HOMEM DAS PROBABILIDADES 121

Capítulo XVII
CONHECE-TE A TI MESMA. AS ILUSÕES 131

Capítulo XVIII
NÃO DADOS, MAS RESULTADOS. A HISTÓRIA 139

Capítulo XIX
OCUPAM MUITO ESPAÇO E SÃO INÚTEIS. A ARTE 149

Capítulo XX
NÃO SE DEIXE LEVAR PELOS BELOS ARGUMENTOS.
A POLÍTICA 157

Capítulo XXI
A DECISÃO DE PREGAR UM PREGO NA PAREDE.
A LIBERDADE 171

Capítulo XXII
NÃO APENAS UMA FOLHINHA DE CAPIM.
A POSSIBILIDADE 183

OBRAS DE REFERÊNCIA.............................. 189

PREFÁCIO

Passeando entre as ruínas da antiga Abdera, durante um esplendido ensolarado pôr do sol de verão, nas costas da Trácia, de frente para a bela ilha de Tassos, pensava em Demócrito, que, talvez, tivesse pisado aquelas pedras.

A solidão ao redor, o azul do mar se afastando e o ameno crepúsculo favorecem a minha imaginação: entre estas pedras inundadas pelo ruído das cigarras, poderiam estar conservadas algumas células do grande pensador.

O que aconteceria se Demócrito voltasse a viver? O que pensaria deste nosso mundo agora tão diferente daquele em que ele atuou? Seria um filósofo? E se o fosse, que tipo de filosofia seguiria?

Infelizmente sabemos pouco de Demócrito, a não ser aquilo que nos transmitiram os que vieram depois e em particular Aristóteles que tanto o estimava. Certamente o pensamento do filósofo de Abdera foi um momento determinante no desenvolvimento que em poucas décadas entre a metade do Século V e a metade do século IV a.C. levou à constituição daquela atividade teórica que hoje chamamos "filosofia", de cujo maior e mais maduro exemplo foi certamente Aristóteles.

Mas o que é esta filosofia, que seguramente Parmênides, Zenão, Anaximandro e Demócrito ajudaram a fundar?

É uma atividade prevalentemente teórica que, entretanto, tem consequências importantes sobre a nossa vivência, que todos nós cultivamos um pouco e alguns — os filósofos, justamente — de modo mais sistemático. É uma prática que cresce e se desenvolve em torno das ciências e das artes, isto é, a todas as atividades simbólicas do ser humano. Que visa sobretudo ampliar a nossa consciência, na convicção que isto melhoraria também a qualidade da vida. É uma busca que não se desenrola somente nas não mais empoeiradas bibliotecas digitais, mas também no mundo do trabalho, nos lugares da formação, nas praças e nas situações em que encontramos o desconforto.

Vamos supor que o novo Demócrito esteja sentado em um ônibus, que alguém lhe pergunte o que é a filosofia, e que essa pergunta lhe seja dirigida por uma pessoa cheia de curiosidade, mas que não tem uma ideia precisa de qual poderia ser a resposta do filósofo.

O novo Demócrito, agora idoso e um pouco cambaleante decide, então, escrever cartas simples, no seu estilo, sempre um pouco irônico, para explicar a sua filha, que se torna assim a intérprete desta curiosidade interessada, o que se entende por Filosofia.

Vamos mergulhar, então, neste experimento de história da filosofia imaginária.

A ideia deste livro nasce de um bate-papo de fim de tarde com Germana e Manuela em Barbaniga de Civezzano no Trentino. E me ajudaram na confecção deste texto Mario Alai, Adriano Angelucci, Gian Italo Bischi, Francesca Fano, Guido Fano, Gianluca Mori, Claudia Moro, Aniko Nagy, Eugenio Orsi, Paride Prussiani, Ferruccio Franco Repellini, Diana e Fulvia Sinigaglia, Emidio Spinelli.

Pesaro, dezembro 2017

Capítulo I
VIGIE A SI MESMA

Minha querida, pode ler estas cartas agora que você tem quase vinte anos, mas também daqui a dez anos talvez você as julgue interessantes. E espero que lhe possam ajudar. Iniciamos com um simples auspício.

Vigie a si mesma!

Contudo, não gostaria que você se alarmasse com a expressão "vigiar". É fácil, se compreende logo seu significado. Basta você pensar no "vigilante" que controla, que "vigia", o trânsito. Portanto "vigiar a si mesmos" quer dizer desempenhar o papel de vigia de nós mesmos, isto é ter cuidado, prestar atenção em si. É um termo dos filósofos: de fato, ele foi empregado por Benedetto Croce, um dos pais da cultura italiana do século passado, que escrevia realmente bem, conhecia uma infinidade em história e literatura, mas não era tão bom em raciocinar. Justamente por isso talvez ele tenha escrito um *Caderno para vigiar a si mesmo*. Pois bem, escrevo estas cartas para ajudar (assim espero) a estimular sua atenção.

Ocupar-se de si mesmo não significa, entretanto, modelar-se, esculpir-se, como tantos filósofos desejaram. Modificar a si mesmo é outra coisa. De fato, para mudar a si mesmo é necessário relacionar-se com o mundo. Eu me lembro que desde menino eu tinha uma obsessão pelo problema de como melhorar a mim mesmo. Porém, eu me dei conta que, quando se age, com frequência é muito tarde para escolher, uma vez que as nossas reações são espontâneas e imediatas. Imaginei, então, que fosse o caso de "calibrar-se", modificando as próprias disposições, como se os parafusos que regulam nossas respostas fossem afrouxados ou apertados. Mas não funciona exatamente assim. É mais adequado reconhecer que são as boas práticas que nos tornam melhores, ou seja, é o hábito de seguir boas regras que nos faz crescer.

Eu tenho mais de sessenta anos de idade e me dei conta de ter cometido realmente muitos erros. Alguns deles foram inevitáveis, uma vez que estavam associados à idade. Na vida acontece um estranho fenômeno, que já tinha me explicado o professor de matemática da escola média: aos vinte anos você pensa em quando tinha dez anos e diz: "Minha nossa, como eu era estúpido!" Aos trinta, você volta a pensar em quando tinha vinte anos e tem a impressão de ter sido um burro. E assim por diante. Eu ainda não parei. Estou relativamente certo de que aos setenta anos — se eu chegar a isso — terei a sensação de que quanto eu tive sessenta eu era mesmo um tonto! Cada idade tem suas emoções, e as emoções interferem muito em nossa capacidade de compreender o mundo. Assim muitos erros são típicos da idade e você irá cometê-los ou já os está cometendo, como todos nós fizemos. Poucos conseguem evitá-los. Esses são aqueles que tem grande capacidade de controlar as próprias paixões. Entretanto, isso não significa que seja sempre um bem refrear a própria emotividade.

De todo modo, há também erros que eu poderia, e deveria, ter evitado.

Nestas páginas, eu contarei a você tanto estes como aqueles. Em cada carta lhe confiarei uma situação que vivi, e tentarei lhe indicar o tipo de equívoco que você correria o risco de recair.

Pergunte-me se é realmente tão importante vigiar sobre si mesmo, isto é fazer as vezes do vigilante de si mesmo. Pode soar como uma ideia de quartel, um controle excessivo, uma prática de militares. Pois bem, pense que a palavra "velar" e "vígil", isto é, estar acordado, têm a mesma origem de "vigilante" e de "vigiar". Estou certo de que você quer ser esperta. Que você quer compreender pelo menos um pouco do mundo que lhe rodeia. E sabe também que essa compreensão tornará melhor a sua vida. Vigiar sobre si mesmo é um esforço que, praticado com equilíbrio, lhe dará muitas satisfações: o prazer de compreender, a capacidade de evitar pelo menos alguns dos obstáculos que você encontrará, mas principalmente ter clareza que na maior parte das situações em que nos encontramos vivendo não entendemos quase nada, razão pela qual temos que avançar tateando, em zigue-zague, avançando e retrocedendo, por meio de erros e acertos. Logo você verá que um dos nossos erros mais comuns é precisamente aquele de julgar saber quando, na verdade, ainda não compreendemos.

Havia um filósofo antigo, Pirro, muito simpático, amante da filosofia (ainda que não quisesse escrever), que dizia ser "cético" e lembrava que em grego *skeptesthai* quer dizer indagar: o verdadeiro cético, de fato, é um investigador infatigável. Esse homem, porém, ao menos a meu ver, exagerava um pouco, uma vez que pregava uma verdadeira e própria "afasia" ou, como poderíamos dizer, o silêncio. Por sorte encontrei depois aquele que foi o meu verdadeiro mestre – Demócrito – que sabia encontrar um justo equilíbrio entre emitir e suspender um juízo. Por vezes, de fato, temos razões suficientes para dar nosso consentimento a uma opinião, embora devamos estar sempre prontos a mudá-la.

Lembro-me de quando você tinha treze anos: um dia lhe expliquei que tinha dedicado muito tempo ao estudo da filosofia, mas de fato não tinha conseguido resolver as questões mais importantes, senão em uma parte mínima. E você me respondeu que eu deveria explicar aquilo que eu tinha entendido e que você, depois, seguiria em frente. Foi comovente. Não que eu deseje que você estude tanto, como eu fiz; entretanto se é verdade que nós "anões" do saber subimos nos ombros dos gigantes, é também verdade que os gigantes se apoiam nos ombros de uma multidão de anões como eu. Quero dizer que nós anões, mesmo se não damos importantes passos adiante, estudando, mantemos viva uma tradição, que depois talvez alguém saberá renovar radicalmente. Nestas cartas, tentarei lhe contar quais foram as minhas reflexões.

Capítulo II
ALGUÉM NOS VÊ. O PARAÍSO

Minha querida, hoje lhe conto o que imaginei há vinte anos numa noite, quando ia me deitar após um sarau com muitos amigos no qual vivemos momentos de tensões, de amores não correspondidos, de ciúmes e de invejas — às vezes essas terríveis situações de conflito acontecem. Diante disso, fiquei pensando que teria sido esplêndido se pudéssemos correr todos juntos em um jardim de primavera de mãos dadas, felizes. Veja só, nós imaginamos o Paraíso como um lugar onde se vive todos juntos em paz consigo mesmo e com os outros. Frequentemente você irá ouvir que o Paraíso não existe nem neste mundo e nem em outros. Não dê muita atenção a essas vozes, pois ninguém sabe se o Paraíso existe ou não.

Se o Paraíso é um lugar tão belo assim, valeria a pena tentar instituí-lo antes de mais nada entre nós aqui na Terra. Mas como isso seria possível? — você me poderá me dizer — se as relações humanas são recheadas de mesquinhez, egoísmo e hipocrisia! Parece até mesmo que seja pouco razoável esperar que se possa um dia todos juntos corrermos felizes pelo Éden. É verdade, você tem razão. Porém seria já uma pequena satisfação ter conseguido dar um passo, mesmo se minúsculo, nessa direção. E os ouros, você me dirá, os outros não se importam com isso. Em muitas ocasiões isso é verdade, mas não sempre. E de qualquer modo, cada um de nós tem uma quantidade limitada de energias. Portanto, usá-las inteiramente para melhorar o mundo em que vivemos é impensável, porque depois não nos restariam energias para enfrentar os nossos problemas cotidianos. Demócrito dizia: "é deplorável entregar-se em demasia aos afazeres dos outros e descuidar das próprias tarefas". Todavia é gratificante utilizar ao menos uma pequena parte das nossas energias para fazer com que o mundo, depois de nossa passagem por ele, possa ser ligeiramente melhor.

Por vezes se há a sensação de ter clareza sobre como se poderia fazer para instituir o Paraíso na Terra, isto é, para realizar uma sociedade justa. E nos parece que muitos estejam remando contra essa nossa ideia: esses se apresentam como verdadeiros e próprios inimigos do Paraíso. Esta é uma ilusão muito perigosa, que produziu milhões de vítimas. Pense na feroz cruzada contra os cátaros promovida pelo papa no final do século XII, ou mesmo naquela contra os anabatistas no século XVI e também naquelas que foram perpetradas por Stalin e Mao no século passado. Os executores desses massacres estavam convictos de matar em vista do bem!

Eis um primeiro ponto sobre o qual convém ser muito cético: nós não sabemos exatamente o que poderia ser o Paraíso; ninguém nos disse de modo claro; e toda busca somente pode levar a resultados parciais e não definitivos. Contudo, isso não significa que o Paraíso não exista. O certo é que nenhum de nós sabe do que ele seja feito. A nossa busca, portanto, é uma busca pelo Paraíso e não uma luta para instituí-lo.

Portanto é muito arriscado fazer o mal a alguém para instituir um Paraíso presumido, porque o mal que tenhamos feito terá certamente acontecido, ao passo que aquilo que imaginamos, não sabemos se será o Paraíso, nem se este se realizará.

E na outra vida? Demócrito dizia: "Muitos homens, que não têm ideia da dissolução a que está sujeita a natureza mortal, mas que possuem consciência de sua má conduta na vida, ficam perturbados ao longo de toda sua existência entre angústias e medos, uma vez que forjam em suas mentes fábulas mentirosas a respeito do tempo após a morte". De fato, você encontrará muitas pessoas que se apresentarão como conhecedoras do que se passa no Além. Não, minha filha, ninguém sabe o que acontecerá após a morte. Não dê ouvidos nem aos que lhe disserem que não existe nada, e nem, também, àqueles que dizem haver algo e que se você respeitar certas regras estabelecidas por eles será premiada, e se você as violar, será punida. Eles não podem saber disso, não dê crédito a eles. Quando alguém sustenta um ponto de vista, você deve examinar sempre os argumentos que ele propõe a favor da sua tese, ou pelo menos sua autoridade sobre a questão que esse alguém afirma conhecer.

Por exemplo, se um grande físico diz a você que existem os átomos, mesmo se você não conheça todos os argumentos a favor da existência desses átomos, dada a competência desse físico, é razoável dar-lhe crédito. É exatamente como quando você está no banheiro e sua querida amiga Gioia está no computador; você lhe pede as previsões do tempo. É claro que ela tem acesso a informações que você, naquele momento, não tem. De fato, ela pode consultar a previsão *on-line* na Internet, enquanto você não — eu sei, provavelmente você está com seu celular...! Então façamos de conta que você o tenha esquecido, mesmo que seja quase impossível que isso aconteça. Portanto, Gioia tem certa autoridade no que diz respeito às previsões do tempo. Certo, pode acontecer que aquele físico esteja lhe pregando uma peça, ou mesmo que Gioia esteja brincando contigo. Você nunca poderá ter cem por cento de certeza sobre tudo.

Entretanto, seriam possibilidades raras e que com frequência você consegue prever.

Não dispomos de testemunhos confiáveis de alguém que tenha voltado para nos contar o que se passa no Além. Mesmo Jesus, que segundo os evangelhos teria ressuscitado, não contou aos seus discípulos sobre o Reino dos céus após sua ressurreição, apenas quando ainda estava em vida. Portanto ninguém tem competência para nos contar aquilo que acontecerá.

Em certo sentido, este é um problema notável. De fato, se você olha ao seu redor, frequentemente acontece que aqueles que se empenham e são generosos não tem muito sucesso, enquanto os egoístas e os patifes fazem fortuna. Se estivéssemos seguros de que existe um Além no qual os bons seriam premiados e os maus punidos, então as contas fechariam. No entanto, não o sabemos. Considere, entretanto, que aqueles que para você parecem ser patifes e aqueles que você acha que são bons, com frequência são muito diferentes de como parecem. E, além disso, também você, como todos nós, não pode saber com exatidão o que seja bem e o que seja mal. Portanto, seja cautelosa quanto a isto. Além disso, lembre-se sempre de condenar o erro e não a pessoa que erra. Nós raramente sabemos porque uma pessoa age de determinado modo e sempre pode acontecer que, em uma próxima vez, ela se comporte diversamente.

Há ainda uma outra coisa a dizer. Qualquer ação que você faça, uma vez realizada, deixa sempre traços na sua mente ou na dos outros. Muitas vezes até traços escritos como, por exemplo, quando se assina um contrato. Isto é muito importante. Faz parte da nossa vida terrena imaginar o que pensam os outros sobre aquilo que fizemos. Às vezes se diz que Deus está sempre te observando, mesmo quando nenhuma pessoa perceba aquilo que você está fazendo. Mais simplesmente, uma ação realizada, mesmo se ninguém a conheça, é, de todo modo, parte do mundo. É, portanto, possível que no futuro alguém a descubra ou que você mesma a reconsidere. Em suma, quando agimos nunca estamos totalmente sozinhos. Devemos sempre prestar contas, se não com outrem, ao menos com o nosso eu futuro. Logo, em certo sentido, um "Além" das nossas ações existe sempre. Isso não quer dizer que os bons serão premiados e os maus punidos, mas o ditado "Quem deu, deu e quem recebeu, recebeu"[1] não é de todo verdadeiro. De modo geral, vale a pena agir como se todos te observassem assim, seja como for, você gozará sempre da aprovação dos outros.

Já sei em que você está pensando: "Mas o que me interessa a opinião dos outros? Eu devo fazer o bem porque é bem e não para obter a aprovação das pessoas. E, depois, quem me garante que essa aprovação seja justa? Talvez eu faça o mal e os outros ainda assim me aprovam, ou vice-versa". Como já dissemos, não sabemos o que seja o bem, razão pela qual procedemos por tentativas. E discutir com os outros sobre o que é o bem e o que não é, é sempre muito importante, porque como se diz, quatro olhos vêm mais do que dois. Há uma diferença significativa entre buscar a aprovação a todo custo — que não é uma boa prática — e avaliar com atenção o que pensariam os outros sobre aquilo que se está fazendo. É este último o Além das tuas ações, não o primeiro.

Hoje me sinto bem; o abdômen não dói. Concluo contando que Demócrito, quase um amigo para mim, em todo caso, um mestre, dizia: "Não digas e não faças nada de mal, mesmo se estiveres sozinho; mas aprende a envergonhar-te muito mais diante de ti mesmo do que diante dos outros". Dessa sua frase me chama muita atenção o verbo "aprende", é como se estivesse

---

1. "Chi ha dato ha dato e chi ha avuto ha avuto": tradução literal de um ditado italiano que tem o sentido aproximado do nosso "quem fez, fez e quem não fez, não faz mais...". (N. do R.)

dizendo que a própria moralidade é uma busca, um longo caminho que vai sendo percorrido um pouco por vez. Minha querida filha, desejo a você um luminoso caminho moral: este será o teu Paraíso.

Capítulo III
SORRIA SEMPRE. A FELICIDADE

Querida, é muito fácil dizer que a felicidade é o propósito de nossa vida. Demócrito dizia: "Os insensatos vivem sem gozar a vida". E, também: "Uma vida sem festas é semelhante a uma longa estrada sem hospedagem". A felicidade parece ser essencialmente a satisfação de nossos desejos. Contudo, há algo que não funciona nessa tese.

Esta manhã eu me levantei com uma forte dor no abdômen, causado pela minha doença. E eu desejava intensamente tomar um analgésico. Cerca de meia hora depois de ter engolido o comprimido, eu me senti aliviado. Estava feliz. Mas foi por um momento. Logo depois, mesmo que a dor já tivesse desaparecido, esse fato não me causava mais prazer. Muitos dos desejos que temos são assim: nos atormentam até que os tenhamos satisfeito e, depois, logo após de tê-los realizado, proporcionam um prazer breve e momentâneo.

Todos nós temos desejos e certamente a satisfação desses desejos proporciona felicidade. Mas mais do que felicidade, talvez saciedade. E a saciedade é a antecâmara do tédio. Ou melhor, a felicidade é ter desejos como tal, mesmo que eles não estejam completamente satisfeitos, provavelmente por causa disso mesmo. A felicidade é, portanto, a esperança de realizar os próprios desejos. De fato, uma das características de quem está clinicamente deprimido é exatamente aquela de não ter desejos. A felicidade talvez seja viver no interior de uma grande aspiração, que envolva toda a nossa vida e que se divida em muitos pequenos desejos, alguns dos quais uma vez ou outra se realizam, outros permanecem insatisfeitos e outros ainda são abandonados, porque não nos interessam mais. Logo a felicidade não é tanto um estado, mas um processo.

Você ouvirá algumas pessoas sustentarem que a felicidade é "viver no presente", colher o momento, não pensar no futuro nem no passado. Não estou convencido disso. Consideremos a vida de um carrapato. Ele está apoiado sobre um ramo; tem um sistema nervoso muito simples; baseado em sensores que o advertem quando um animal de sangue quente passa sob o ramo. Nesse momento ele se deixa cair. A esta altura são dois os casos: ou cai por terra, nesse caso muito lentamente se moverá na direção do caule do arbusto e com dificuldade retornará ao topo. Ou, cai no animal, gruda-se nele, se enche do seu sangue, produz os ovos e se multiplica, para recomeçar o seu ciclo. Da enorme complexidade do mundo que o circunda colhe somente os pouquíssimos aspectos importantes para a sua vida simples. Seguramente o carrapato não tem percepção do passado e do futuro, mas vive só no presente. Você diria que a vida dele é feliz? Não creio, é muito limitada. Imaginar o futuro, tentar prevê-lo, tentar condicioná-lo, recordar o passado, refletir sobre o que aconteceu são pensamentos que provocam certamente alguma frustração, mas também muita felicidade. Veja, a vida é feita de um modo estranho, de modo que quanto mais você elimina as possibilidades de sofrer, mais você fecha para si mesma também as oportunidades de se alegrar. O carrapato não tem passado e futuro, assim não tem nem desejos e nem arrependimentos, mas sua vida é pobre. Em vez disso, os seres humanos estão à altura de experimentar imensas alegrias, mas também dores extremas. Uma vida muito prudente provavelmente manteria afastados semelhantes sofrimentos insuportáveis, todavia nos faria também perder importantes ocasiões. Cada um tem o seu nível de aceitação do risco. Existem pessoas mais propensas e outras mais reticentes em relação ao acaso, mas um pouco de imprudência é necessário.

A maior parte de nós tem mais medo das perdas que atração pelos ganhos. E isso é razoável, uma vez que todos precisam de uma base bastante segura. Vamos dar um exemplo monetário. Um rico que tem um milhão de euros no banco, pode sem problemas retirar cem mil e investi-los de modo especulativo, isto é, com a possibilidade de ganhar muito, mas também com um risco significativo de perdê-los. Ao invés, é claro que se no banco se há somente cem mil euros, não podemos nos permitir a investi-los inteiramente de modo arriscado. Entretanto, convém sempre pôr à parte uma pequena fatia em busca de boas oportunidades. De fato, a vida é cheia do que se poderia chamar de "cisnes negros"[1], isto é, situações imprevisíveis. Alguns cisnes negros são nocivos, outros convenientes. Se acontece um cisne negro nocivo, é um desastre. Por isso é importante que o próprio tempo, o próprio dinheiro e as próprias energias estejam a pelo menos 90% de distância dos cisnes negros, em segurança. Entretanto, devemos sempre tentar interceptar também os cisnes negros positivos, investindo parte de nós mesmos em oportunidades mesmo improváveis e arriscadas. Você se lembra daquela vez que devíamos fazer a maionese? Eu conhecia o habitual método com o batedor manual, você dizia que se poderia

---

1. Referência à lógica ou teoria dos "cisnes negros", apresentada pelo autor libanês Nassim Nicholas Taleb para indicar os eventos imprevisíveis e seus impactos, por exemplo, na economia. (N. do R.)

fazer também com o liquidificador. Tínhamos três ovos. Deixamos dois de lado e experimentamos o liquidificador somente com um, assim, caso desandasse, com os outros dois estaríamos a salvo para o jantar. E de fato funcionou. Porém, mesmo se não tivesse funcionado, não teríamos tido problemas.

Com frequência se diz que o dinheiro não traz a felicidade. E nisso há algo de verdade, porém muitos tem respondido justamente: "Se o dinheiro não traz felicidade, imagine a miséria!". Portanto não se pode subestimar a importância do dinheiro, que, pelo menos um pouco, diz respeito a todos.

Porém quando você busca compreender algo, isto é, quando você se põe uma pergunta como esta: "O dinheiro traz felicidade?", como primeira coisa a ser feita, você deve verificar sempre os dados experimentais recolhidos pelos estudiosos e publicados, que fornecem a você respostas pelo menos parciais. Você me dirá que as estatísticas são manipuladas e manipuláveis. E eu lhe direi mais: mais de 50% dos experimentos de psicologia publicados em revistas confiáveis não são repetíveis e, portanto, propõem dados discutíveis. É verdade, mas o único modo sério que temos para compreender algo é esse, o resto são intuições vagas e ainda mais infundadas. No entanto se observou que o sentido de satisfação aumenta vertiginosamente à medida que a renda *per capita* de um país cresce até por volta de vinte mil dólares por cabeça, depois disso, um maior incremento de riqueza provoca acréscimos sempre menos significativos de felicidade. Para ter uma ideia, nós na Itália estamos em torno de trinta mil dólares *per capita*, de modo que para chegarmos a ser felizes, não é certamente por causa da falta de dinheiro.

Minha filha querida, a felicidade é uma arte difícil, que, satisfeitos os nossos desejos primários, depende também de nós. Muitos pequenos estratagemas melhoram a qualidade da nossa vida. Sorria com frequência, mesmo forçando um pouco os músculos do queixo, e você verá que logo se sentirá melhor.

Capítulo IV
O MUNDO AINDA EXISTIRÁ. A MORTE

Caríssima, na vigília de Natal de trinta anos atrás recebi um telefonema de uma amiga querida, que com voz embargada por lágrimas e pelo desespero me anunciou que Alessandro, que tinha sido o meu melhor amigo por anos, tinha morrido caindo em uma fenda no Mont Blanc. Foi o meu primeiro encontro brutal com a fragilidade da vida humana.

É inútil negá-lo, o pensamento da morte acompanha grande parte da nossa vida. Jogos intelectuais como os de Epicuro que dizia que "a morte não é nada para nós, pois enquanto nós existimos ela não existe e quando ela existe nós deixamos de existir" pouco afetam nossa emotividade.

Existem pelo menos dois aspectos importantes da morte: em primeiro lugar os nossos pensamentos sobre o que acontecerá após a morte — e disto falaremos mais adiante —, em segundo lugar a presença da morte na nossa vida. Abordemos primeiramente este último ponto.

Nas sociedades modernas a morte é mantida distante do nosso cotidiano. Morre-se nos hospitais e nas casas de tratamento, mantém-se distante dos olhares das crianças o corpo do morto etc. E, não obstante, nós pensamos cada vez mais na morte. A pergunta se torna então: como devemos tratar essas nossas reflexões sobre a morte? Por vezes se escuta dizer "Viva como se cada momento fosse o último da sua vida", ou seja, um apelo para aproveitar plenamente a volúpia da existência humana. Pode até ser, mas, como já dissemos, nossa vida é também baseada em projetos de longo termo. Portanto, se poderia dizer com igual razão: "viva como se nunca fosse morrer!". De fato, suscitam nossa maior admiração aquelas pessoas que até o último dia lutaram e trabalharam pelas coisas nas quais acreditavam, como se fossem eternos.

No entanto, não podemos evitar que a sensação da nossa finitude nos acompanhe com frequência. Eu descobri diversos antídotos para curar um pouco este estado de ânimo. O primeiro é a beleza. Existem esplêndidos filmes sobre a morte, como *O sétimo selo* de Ingmar Bergman, poesias maravilhosas, como *Os sepulcros* de Ugo Foscolo, música comovente, como *This is the End* do The Doors, que ajudam a elaborar estes pensamentos. Repertoriei esses exemplos, mas a arte muito falou sobre a morte e você terá suas obras preferidas, que lhe ajudarão a olhar para ela com um sentido de beleza. Nestes dias de doença, dedicar-me todo dia a algo de belo me ajuda.

O segundo antídoto é muito simples: eu cheguei ao mundo por volta de 65 anos e antes eu não existia. Dentro de alguns anos não existirei mais, mas o mundo existirá ainda. Existirão pessoas mais jovens que terão a possibilidade de viver as suas vidas, que poderão se alegrar e sofrer como eu me alegrei e sofri. E isso continuará ainda por muitas gerações. Se vivi a minha vida empenhando-me, pelo menos um pouco, li em deixar marcas que facilitarão a vida daqueles que virão depois de mim, então quando não estiver mais presente pessoalmente, existirá de alguma maneira algo de importante para o quê dei minha pequena contribuição.

Enfim conhecer nos leva a um estado de ânimo extraordinário; nos faz esquecer a nós mesmos e a nossa limitação, nos abre para o mundo. Conhecer no sentido mais amplo do termo, isto é aprender uma lei científica, descobrir uma nova espécie viva, desvelar os íntimos pensamentos de alguém dialogando com ele. Isto é, conhecer nos leva para além de nós mesmos.

Hoje estou melancólico, sabe. Estes pensamentos não me consolam completamente. Infelizmente estou doente e não tenho ainda muito a viver. Apesar de todos os esforços, as contas não batem. A vida é uma tragédia e seu eventual final feliz está além de nós.

Capítulo V
ESPERAR SEM CRER

Minha querida, talvez você se lembre daquela manhã em que eu saí correndo de bicicleta rumo à casa de repouso onde ficou hospedada a vovó após a fratura do fêmur e a consequente hospitalização, inesperadamente, ela tinha perdido a lucidez e sofria no corpo e na mente. Eu tinha comprado um brioche do tipo que ela gostava, e queria levar para ela, para seu café da manhã, mas a casa era distante, e eu pedalava no frescor da manhã chorando e pensando: "Mamãe, resista que estou levando os brioches para você, assim você poderá ficar um pouco mais feliz". Eu esperava de todo coração que ela se recuperasse. E em parte fui atendido. Nove meses depois a vovó, mesmo tendo perdido uma parte importante de si mesma, tinha recomeçado a ler romances, a fazer palavras cruzadas e a falar de si mesma novamente com a sua típica ironia. Demócrito dizia: "São sempre irracionais as esperanças dos homens não inteligentes". Se equivocara, porque ele não podia saber algo que os homens compreenderam depois: isto é, que a esperança é um sentimento fundamental.

Esperar é um grande prazer. Mesmo se eu chorava, no fundo estava contente, porque sentia ser possível que a vovó podia retomar sua vida, nem que fosse um pouquinho. Esperar é um nosso modo emotivo de olhar para o futuro. Certo, quando estamos certos de que as coisas se encaminharão de uma maneira que não nos agrada, não podemos mais esperar. Entretanto, podemos modificar a nossa atenção focada no futuro, isto é, podemos transferir a nossa necessidade primária de esperar em algo diferente, que não é ainda certamente impossível. Você me dirá, mas se me disserem que amanhã me fuzilarão, que esperanças posso ter? É verdade, o condenado à morte percebe como que extirpada quase toda esperança. Porém, no fundo, todos nós estamos condenados à morte, mesmo se, por sorte, a execução não será amanhã. É muito difícil ter esperanças quando temos certezas negativas. Nós somos condenados à morte, mas não sabemos quando morreremos. Todavia também isso está mudando. Os nossos conhecimentos biológicos e médicos fazem com que hoje, a partir da análise dos nossos genes e do nosso estilo de vida seja possível estimar com certa precisão a nossa esperança de vida. Alguns dizem que é melhor não saber. É claro que esta é uma escolha individual. Saber pode ajudar a prolongar a vida. Não saber talvez traga mais serenidade.

A esperança, porém, não diz respeito unicamente a mim e a minha vida, mas, também, à vida daqueles que me são caros e à de toda a humanidade. E quando eu não existir mais, o mundo seguirá em frente. Até o último momento aquilo que faço e digo pode deixar suas marcas no futuro. Meu testamento, as últimas palavras que pronuncio para as pessoas que estarão junto a mim. Até mesmo estas cartas. Tudo tem um sentido que vai além da minha pessoa. Dou-lhe um exemplo famoso. Felice Orsini, agitador e conspirador do Ressurgimento italiano, tentou assassinar Napoleão III no ano de 1858, sem sucesso. Foi preso e condenado à morte. A este ponto a obra de Cavour, que estava mobilizando a França para libertar a Itália dos austríacos, corria o risco de ficar comprometida. Orsini, no cárcere, poucos dias antes de ser guilhotinado, escreveu uma carta com um pedido de desculpas a Napoleão III, pedindo-lhe que ajudasse os italianos. Napoleão ficou muito tocado pela missiva e, como sabemos, manteve, ao menos em parte, os compromissos assumidos com Cavour. Veja, Orsini, mesmo tendo diante de si poucos dias de vida, fez um gesto que teve consequências enormes e que expressou suas esperanças para a Itália.

Talvez você tenha lido no evangelho que fé e esperança são como duas faces de uma mesma moeda. Em realidade não é verdade: uma coisa é esperar, isto é acreditar que as coisas *poderiam* acontecer de certo modo, outra coisa é acreditar que as coisas *acontecerão* de certo modo. Ter fé significa acreditar também quando não temos bons motivos para estar convencidos. Esperar, ao invés, é um sentimento, que podemos cultivar ou reprimir. A fé certamente conduz à esperança, mas a recíproca não é verdadeira. É possível ter esperanças irracionais, isto é, acompanhadas pela crença em uma possibilidade mínima e não pela certeza da fé.

Infelizmente nós temos uma quantidade excessiva de fé. Cada um de nós acredita sem bons motivos em muitas coisas que nos fazem sentir melhor. Isso não seria um problema, se fosse somente um jogo, um consciente autoengano. Pelo contrário, com frequência enchemos as nossas cabeças de dogmas injustificados. Acreditamos que existam terapias extraordinárias para o câncer, e dispendemos os nossos recursos para comprar poções ineficazes ou até mesmo nocivas. Acreditamos que existam soluções fáceis para problemas difíceis que estão no centro do nosso coração. Convencemo-nos que por trás de muitas coisas tristes que acontecem exista um desígnio preciso de alguém que quer nos prejudicar, ainda que não tenhamos a menor prova de que as coisas estejam desse modo.

Você poderá me dizer: mas se eu me sinto melhor acreditando nessas mentiras, por que você quer me impedir de acreditar nelas? No fundo, nossa meta é ser felizes. Bem, há pelo menos dois motivos para acreditar, pois quando não se tem bons motivos, é uma péssima prática. Em primeiro lugar algumas crenças poderiam conduzir você a fazer escolhas totalmente equivocadas; como no exemplo anterior, em relação ao câncer: você corre o risco de seguir terapias equivocadas, deixando de lado aquelas que são eficazes. Em segundo lugar, acreditar lhe impede de continuar a procurar. E procurar é um dos grandes prazeres da vida. Além disso, se você abraça um ponto de vista, sem considerá-lo devidamente, talvez por um momento você se sinta melhor, mais tranquila, mas depois cessa de indagar, de se interrogar e fica impedida de vislumbrar possibilidades que de outro modo você teria encontrado. Portanto acreditando sem justificação, você limita sua liberdade.

Talvez, porém, a palavra "fé" tenha também um outro sentido, mais nobre. Vejamos o caso em que eu abrace uma hipótese que não está bem justificada, não somente porque me faz sentir melhor, mas também porque me leva a agir com mais disponibilidade para com os outros. Por exemplo, creio em Deus não somente porque me tranquiliza pensar que o mundo tenha um sentido em si mesmo, mas também porque assim atuo para realizar esse sentido. Esta fé, porém, é muito pouco difusa. Isso é, uma fé nobre — que favoreça verdadeiramente o agir de modo generoso e não seja somente tranquilizadora, ou mesmo fruto de um sentido de pertença a uma comunidade — é particularmente rara.

Você me perguntará, enfim, se tem sentido esperar por uma vida para além desta vida. Eu lhe respondo que de algum modo estamos certos de viver para além da nossa vida. Tudo aquilo que somos e que fazemos deixam um rastro importante na história da Terra. O seu código genético será transmitido aos seus eventuais filhos; as coisas que você diz serão lembradas como conscientemente ou não por todos aqueles que conviveram com você. Mas você insiste e me pergunta: eu, o meu eu consciente, continuará a existir? Posso ter esperanças nisso? Muitos lhe dirão que depois das descobertas da ciência moderna a resposta deve ser um "não" seco. Mas as coisas não são assim. Certamente, nós conhecemos leis que ligam de modo significativo alguns estados mentais ao nosso corpo e estamos bastante seguros de que a desagregação do nosso corpo levará consigo o desaparecimento desses estados mentais. Entretanto, as leis que conhecemos até agora dizem respeito *somente* a estados simples, como as sensações. Pouco ou nada, de fato, sabemos sobre as funções superiores, como o pensar, o raciocinar e o imaginar. Isto não quer dizer que tenhamos bons motivos para pensar que essas funções sejam separáveis do corpo, mas somente que não temos razões adequadas para acreditar que desaparecerão com sua desagregação. Contudo, permanece a experiência dramática que cada vez que alguém morre não podemos mais ter notícia dos seus pensamentos.

Por isso podemos esperar em existir também depois da morte. E, no fundo, não arriscamos nada ao esperar por isso. Se você pensar bem, naquele momento em que eu esperava que vovó se recuperasse, se isso não tivesse acontecido, eu teria ficado muito mais mal do que se eu não tivesse esperado pela recuperação dela. Portanto, aquela esperança era arriscada. Mas se você espera existir depois da morte e depois isso não acontece, você não perde nada, uma vez que já não estará mais aí para constatá-lo. É importante, porém, como eu já disse, que você não dê atenção a ninguém que gostaria de te ensinar sobre como você deveria viver esta vida para estar bem na outra. Porque então você se arriscaria a destruir esta existência, baseando-se em uma esperança que poderia ser frustrada.

Eu te falei esperança porque hoje me sinto um pouco melhor e espero conseguir me curar, mesmo se sei que existem poucas probabilidades. E, de qualquer forma, espero não só em mim, mas também em você e em todos aqueles que virão.

Capítulo VI
PROCURAR DEUS

Caríssima, hoje eu vou lhe contar uma desventura que me aconteceu quando eu tinha oito anos e estava sarando de uma gripe. Da minha cama eu brincava com minha irmã e talvez porque estivéssemos brigando eu lancei nela uma bandeja de madeira que a atingiu na cabeça machucando-a muito. Minha mãe ficou muito brava e me disse que como punição eu deveria permanecer sozinho fechado no meu quarto. Eu me sentia humilhado e desmoralizado, e dentro de mim comecei a pedir perdão a Deus por aquilo que eu tinha feito. Não sei se o Senhor do Universo tenha me atendido; em todo caso, minha irmã pouco depois já estava muito bem.

Em nosso mundo interior existem alguns sentimentos que eu definiria como "religiosos". O primeiro é o da graça. Em muitos momentos bons da nossa vida, por exemplo quando conseguimos realizar alguma coisa, ou mesmo apenas quando despertamos pela manhã em um dia de sol, sentimos algo como uma necessidade de agradecer a alguém que nos deu esta oportunidade. Quando o juízo negativo dos outros a respeito de alguma coisa que fizemos nos pesa, sentimos o desejo de expiar os nossos erros e de confessá-los. Quando estamos em dificuldade e ninguém pode nos ajudar vem em mente de pedir o apoio de alguém vindo de outro mundo. Quando estamos sozinhos, sentimos a necessidade de nos encontrarmos com os outros e fazer juntos gestos simples que nos unam e que nos tragam serenidade, isto é, ritos próprios e verdadeiros.

Os sacerdotes de todos os tempos e de todos os lugares conhecem bem essas exigências do ânimo humano e com frequência as exploram manipulando-nos para obter vantagem. Fique longe de todos aqueles que tentam enganá-la desse modo. Dito isso, porém, os nossos sentimentos religiosos permanecem e fazem parte da vida. A melhor religião não é uma fé, mas uma busca. Não creio que seja uma boa prática abraçar aquilo que é denominado "ateísmo", isto é a negação de Deus. Assim como não temos bons motivos para acreditar na existência de Deus, tampouco os temos para acreditar na sua ausência. E, depois, qual Deus? O Deus dos católicos, o Deus dos protestantes, dos muçulmanos, ou o Deus com quem Jó discute? Nos grandes textos das religiões, que vale sempre a pena ler e reler, encontramos muitos discursos importantes escritos por pessoas que buscam Deus. E são todas diferentes. E muitas vezes enriquecem umas às outras.

Digamos simplesmente que Deus nos transcende, está para além de nós, está envolto no mistério, é o que não compreendemos ainda. Esse Deus nunca pode ser totalmente encontrado, mas é sempre possível buscá-lo. É um Deus que não se interessa tanto por você, mas que diz respeito à imensidão do Universo. Muito provavelmente não é o Deus descrito por tantas teologias, onipotente, imensamente bom e onisciente. É um Deus em devir, sempre em parte desconhecido, um Deus que quando se revela se esconde. Um Deus que nos acompanha discretamente, mas não sabemos que existe. Um Deus que não nos consola, mas nos atrai. Um Deus que nunca fala conosco, mas que deixa marcas por todo lado. Um Deus que saiu do mundo e devemos sempre perseguir. Não é um Deus que nos diz o que devemos fazer. Também a moral é uma busca cansativa, mas apaixonante, que dura toda a vida. Em outras palavras, não é um Deus que manda suas tábuas para nós. Essas tábuas somos nós devemos descobri-las a cada vez, com o compromisso e a razão.

Nestes dias difíceis, minha cara, Deus não pode consolar me. O cansaço de viver a doença é muito grande. Entretanto, minha conta com o universo permanece aberta. Existe você, existem os outros, existe tudo aquilo que virá depois de mim e existem estas cartas que lhe deixo para que delas você faça o melhor uso.

Capítulo VII
O PRAZER INOFENSIVO DE CONHECER. A CIÊNCIA

Minha querida, a partir de hoje, e por alguns dias, falaremos de uma das maiores alegrias da vida, o estudo: um dos poucos prazeres inocentes que nos são concedidos. Quando eu tinha dezesseis anos eu me apaixonei pela química e pela biologia: fui impelido a isso também pelos meus colegas de turma, muito vivazes de um ponto de vista intelectual. A tal ponto que no final do terceiro ano do ensino médio me submeti a um difícil exame de química inorgânica na universidade e passei com algum brilhantismo. Eu me sentia encaminhado para me tornar um cientista.

Se você estuda com afinco e empenho consegue compreender pelo menos em parte como, por exemplo, é possível que a água aumente de volume ao se congelar. Você se lembra quando nos esquecemos de colocar na geladeira a garrafa de espumante? Nós a colocamos no congelador e, então, esquecendo-nos dela mais uma vez, ela explodiu... Não estou confundindo água e vinho; leve em conta que o espumante é constituído em sua maior parte de água, mesmo se a parte que não é água talvez seja a mais interessante!

Certamente a solidificação da água é um fenômeno importante, mas também uma pequena parte da realidade. E não apenas, pois o mesmo efeito pode ser explicado com modelos diversos, que põem em luz diferentes aspectos de uma realidade complexa.

Em vez disso, quando comecei a estudar alguns grandes filósofos do passado, tive a sensação de ter encontrado uma via de conhecimento muito mais direta e potente. Um modo de compreender não baseado em modelos, mas tinha em vista compreender a essência profunda da realidade; e que não se limitasse a um fenômeno particular, como a água congelada, mas que fornecesse respostas globais.

Pois bem minha filha, este é um dos nossos erros mais comuns. Não existem atalhos fáceis para compreender as coisas ao nosso redor. É necessário paciência, pesquisa e espírito crítico. E não só: as imagens globais da realidade são simplistas e equivocadas. Pouco a pouco eu entendi que a filosofia não capta a essência da realidade, nem produz visões globais totalmente fiáveis. Estudar filosofia continua sendo para mim a atividade mais bonita, mas com a consciência que, no empenho em compreender a realidade à nossa volta, a filosofia deve estar acompanhada de muito perto pelas ciências. Ela procede de modo muito semelhante a essas últimas, formulando modelos, estabelecendo conexões entre conceitos e testando hipóteses um pouco mais audazes, mas sempre atenta às confirmações e aos desmentidos provenientes dos experimentos. Dizia Demócrito: "é muito difícil conhecer, conforme a verdade, como seja constituído cada objeto".

Escutando o que dizem por aí, você ouvirá muitas vezes dizerem que a realidade não é cognoscível, que no fundo nós somente temos acesso ao nosso mundo subjetivo. Muitos lhe dirão que o mundo é diverso em razão direta da língua que você fala, do lugar onde nasceu, com qual cultura e com quais usos e costumes você cresceu. Tudo isso é em parte verdadeiro. É evidente que um *inuit* que mora nos gelos do Polo enxerga a neve de modo diferente de um Cretense. Isso apesar da filosofia e das ciências tentarem compreender como a neve é independentemente de como a enxergamos. Não estou procurando as características da neve que são comuns a todo olhar, mas como a neve *é*, mesmo se não seja percebida por ninguém. Você me dirá: "Mas é impossível. Que sentido tem uma neve que ninguém enxerga? Não existe. A neve existe somente na medida em que a vemos". Veja, esta afirmação é equivocada. Quando você olha a neve, se dá conta que ela não é parte de você, mas que ela existe fora de você. Certo, você percebe a neve de um modo e eu de outro, talvez um pouco diferente, mas de qualquer modo a neve está lá fora. Você está realmente convicta que se não estivesse olhando a neve ela não existiria? Certamente não. É claro que compreender como é a neve quando ninguém a vê é muito difícil, ou melhor, impossível. No entanto, estudando e pesquisando, algo, pelo menos alguma coisa da neve em si conseguimos compreender.

Quando você era criança e ia comigo visitar o Palácio Ducal em Urbino, você era particularmente atraída pelos subterrâneos, onde estavam também as cozinhas. Em particular nós nos detínhamos a olhar o "frigorífico": uma espécie de galeria vertical subterrânea profunda, que era preenchida com neve no final do inverno e por causa da baixa temperatura das adegas, da enorme espessura da massa e da grande pressão exercida nas camadas inferiores, ela se derretia muito lentamente, de modo que os nobres pudessem saborear o sorvete durante boa parte do verão mesmo quando não existia ainda a geladeira. Todas estas características da neve, isto é sua temperatura de fusão, o fato que o aumento da pressão eleve esta temperatura, etc., são principalmente propriedades da própria neve e pouco têm a ver com o modo como nós a percebemos.

Todas as ciências e a filosofia trabalham juntas neste projeto de compreensão da realidade. Todas usam mais ou menos os mesmos métodos: ou formulações de hipóteses e modelos que sejam o mais preciso possível, e fazem dedução a partir desses modelos de consequências que dizem respeito à experiência e controle de tais deduções. Dou um exemplo. Ontem você me perguntava por que o seu namorado Stefano fica tão bravo quando, de noite, você se esquece de lhe mandar uma mensagem de boa noite. Existe uma teoria psicológica, que é chamada do "apego", que parte do pressuposto que nos primeiros anos de vida instauramos uma série de relações com as pessoas mais próximas, pais, irmãos, etc., os quais configuram a nossa vida emocional, condicionando ao menos em parte todos as nossas relações afetivas futuras. Consideremos, pois, a hipótese de que Stefano seja muito ligado à sua mãe, que todas as noites, desde quando era criança, ela o acarinhava longamente antes do sono. E então, já que ele identifica você com a mãe dele, quando você não lhe envia um SMS, é como se sua mãe tivesse se esquecido do beijo de boa noite.

Espere, não tenha tanta certeza de ter compreendido como as coisas funcionam. Infelizmente nós somos levados a aceitar como verdadeiras aquelas hipóteses que nos convencem. Mas a nossa persuasão subjetiva não é suficiente. É preciso sempre controlar as nossas suposições. Neste caso é simples. Você pedirá para que Stefano que lhe fale da relação dele com a mãe, ou então você o observará enquanto ele conversa ou está com ela. Leve em consideração, entretanto, que, mesmo que sua hipótese seja confirmada, seria somente uma parte da verdade e em outros casos poderia ser desmentida, ou então seria necessário um modelo mais complicado para compreender os comportamentos de Stefano.

Epicuro sustentava que existem múltiplas explicações do mesmo fenômeno complexo e que muitas vezes devemos aceitá-las todas para ter uma imagem mais rica da realidade.

Muitos usam o adjetivo "científico" para dizer que alguma coisa é certa. Mas trata-se muito mais de que o contrário é verdadeiro. Nós formulamos continuamente hipóteses sobre a realidade que nos rodeia e em geral nos contentamos com a primeira ideia que nos vem em mente e nos convence. E assim a assumimos e a consideramos certa. Pois bem, o método da ciência e da filosofia é exatamente o contrário. Nós nunca temos certeza de nada, devemos verificar sem cessar nossos modelos e hipóteses, devemos estar prontos para rever continuamente as nossas teses. Dou-me conta de que este é um trabalho cansativo, trabalhoso, que provoca ânsia e insegurança. Não digo que você o deva praticar todos os dias. Com frequência você pode se contentar com uma hipótese, mesmo se não a tenha verificado bem. Mas caso fosse necessário ou importante, você deveria estar pronta a mudá-la. De Demócrito se dizia que ele abandonava "sem perturbação ou arrependimento, na verdade com prazer, alguns dos conceitos precedentemente seguidos [por ele]".

Você ouvirá muitos que lhe dirão que a verdade não existe, que cada um tem a sua verdade. Em vez disso, é óbvio que a verdade existe; o mundo só pode estar de um modo; por exemplo, ou é verdadeiro que Stefano desde quando era criança recebia o carinho de sua mãe, ou é falso. Entretanto com muita frequência nós não somos capazes de estabelecer qual seja a verdade. Ou seja, não podemos nunca estar certos de nada. Dou outro exemplo. Mesmo não tendo bons motivos para acreditar que os astros que estavam no céu no momento do nosso nascimento influenciam nosso comportamento, não podemos estar seguros de que isso não seja verdadeiro. No máximo podemos dizer que é muito pouco provável.

Tenha em mente, porém, que se Stefano lhe dissesse — e esperemos que não o faça — que, segundo ele, vocês dois não podem estar juntos porque ele nasceu sob o signo de aquário e você sob o de leão e, ao que tudo indica, os de leão cortam as asas dos de aquário, não creio que uma refutação das bases científicas da astrologia feita por você seria eficaz em convencê-lo a ficar contigo!

Você poderá me perguntar, mas como faço para reconhecer quando uma hipótese minha está perto da verdade? Eu já lhe disse: as verificações empíricas são muito importantes. Contudo, não só isso: também a coerência com outras teses que você tem boas razões para considerar como verdadeiras. Por exemplo, Stefano está muito atrasado para o encontro que marcou com você para irem ao cinema. Você sabe que Stefano é normalmente muito pontual, por isso a hipótese de que tenha havido um contratempo que o fez se atrasar é coerente com aquilo que você crê em relação a Stefano; e isso antes mesmo que você tenha a possibilidade de verificar empiricamente qual tenha sido o contratempo que o impediu de chegar na hora.

Quanto mais você examina os enunciados verdadeiros, submetendo-os à prova, mais eles irão convencê-la, ao passo que os enunciados falsos, quanto mais você se interrogar acerca deles e os examinar, mais claramente eles manifestam seu caráter errôneo. De fato, o mundo está cheio de incompetentes seguros de si e de pessoas sérias cheias de dúvidas. Isso porque a pessoa que se esforça em se interrogar descobre que boa parte das suas convicções são incertas, ao passo que quem se contenta com a primeira ideia que lhe vem em mente não tem incertezas.

Concluindo, as ciências permitem que se compreenda ao menos em parte o mundo que nos transcende. Você se lembrará de que o Deus do qual falamos é exatamente este mistério que está para além de nós. E por isto, ao menos por um momento, conhecer nos coloca em contato com Deus.

Caríssima, passei alguns dos momentos mais bonitos da minha vida estudando. Se você conseguir encontrar a estrada que pode levá-la à filosofia, entendida exatamente como amor pelo conhecimento, você será afortunada. Mesmo agora que sofro dores físicas, em alguns momentos consigo mergulhar nos meus livros e passar alguns momentos de pura felicidade. Com certeza, a filosofia não é tudo na vida de uma pessoa; a amizade, o amor e a solidariedade também são partes igualmente importantes, ou até mais importantes do que ela.

Capítulo VIII
UMA EXPERIÊNCIA UNIVERSAL. A MATEMÁTICA

Caríssima, hoje falaremos de uma das ciências mais abstratas e difíceis, mas talvez também a mais bonita e a mais profunda. Eu tinha por volta dos 8 anos e meu pai estava me dizendo que uma mesma torta de chocolate podia ser dividida em duas metades iguais ou mesmo em 3 fatias iguais, sendo que cada uma delas se chama "um terço da torta". E depois me disse: "Se você ficar com a metade da torta e eu com um terço, quanto sobrará para a sua mãe?" Pensei um pouco e compreendi que precisava somar a metade e um terço e, depois, subtrair o total da torta inteira, e assim eu teria encontrado a porção da minha mãe. Mas como se faz para somar uma metade e um terço? É fácil somar uma metade e uma metade: o resultado é um; é também simples somar um terço mais um terço, pois se tem dois terços. Mas como eu faço para somar os terços com as metades? Seria como somar peras e maçãs; seria impossível. Então, de repente — e foi uma experiência esplêndida —, dei-me conta que tanto a metade quanto o terço podiam ser divididos em partes iguais. Por exemplo, se corta a metade da torta em três fatias iguais, cada uma seria uma sexta parte do total. A mesma coisa acontece quando se corta um terço em duas fatias iguais; também aqui cada uma será uma sexta parte da torta inteira. E assim compreendi ter encontrado um modo para tornar semelhante uma metade e um terço, que antes pareciam coisas diferentes; de fato, uma metade é igual a três sextos e um terço é igual a dois sextos. Ora, todos são sextos e assim fica fácil somá-los; ou seja: um terço mais uma metade é igual a dois sextos mais três sextos, isto é, cinco sextos. A torta inteira corresponde a seis sextos, e, logo, seis menos cinco é igual a um e por isso a fatia da mamãe seria de um sexto. Coitada da mamãe! Diante de minha descoberta toda a minha felicidade se foi, ao pensar que para ela tinha sobrado tão pouco daquela torta gostosa de chocolate que ela própria tinha preparado!

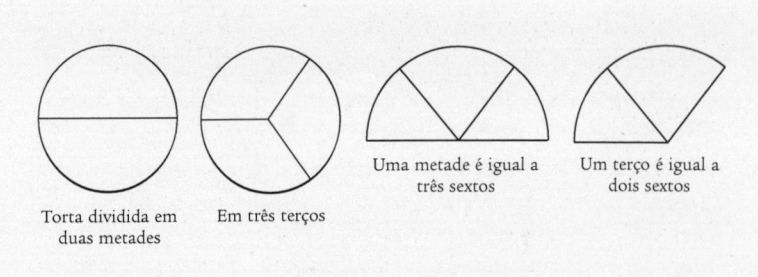

Torta dividida em duas metades

Em três terços

Uma metade é igual a três sextos

Um terço é igual a dois sextos

Minha filha querida, infelizmente a matemática da escola não lhe foi ensinada assim. Poucos lhe disseram que ela fala da realidade ao nosso redor e ainda menos pessoas lhe fizeram entender que a matemática não é um conjunto de métodos quase automáticos para resolver problemas, ou seja, não é um monte de regras a serem aplicadas. Em vez disso, a matemática deveria ser pensada muito mais assim: em nossa cabeça se encontra uma vivência rica em imaginações e de nuances, que é quase igual para todos e que a matemática narra. Não conseguimos ainda compreender por que a matemática seja tão universal, não muda na China nem na Índia, nem provavelmente seria muito diferente em uma possível civilização alienígena em algum exoplaneta distante.

Por muitas vezes foi transmitida a você a ideia de que a matemática é uma disciplina fechada. Na realidade, nos últimos cem anos ela se enriqueceu com dezenas de novos conceitos e está continuamente se renovando. E não só: a matemática é uma linguagem muito mais precisa do que aquela que usamos todos os dias, de modo que ela ajuda a formular com exatidão nossas hipóteses.

Dou um exemplo simples para que você possa entender. Você se encontra em um carro, ainda criança, sentada no banco de trás e sua mãe está dirigindo — você sabe que eu, infelizmente, nunca consegui tirar a carteira de motorista. Então você decide que chegou a hora de roer as unhas! No entanto sua mãe não quer que você faça isso. (Eu me lembro de uma vez em que ela passou um esmalte superamargo nas tuas unhas, para impedir que você as roesse. E nós descobrimos que você continuava roendo as unhas, mas junto com uma colherzinha de geleia!) Você acha que ela não pode te ver, uma vez que está olhando para frente, para dirigir. Depois você se dá conta do espelho retrovisor no alto, no centro do para-brisa. Você dá uma olhada e percebe que, olhando no retrovisor, você enxergava sua mãe. Você acharia que todos veem a mesma coisa no retrovisor e que, portanto, sua mãe não poderia vê-la. Vamos parar um momento, porém, para raciocinar. A luz do Sol chega ao rosto de sua mãe, é refletida e rebate no espelho, que a devolve para o seu olho. Você sabe também — e isto é muito importante — que o ângulo de incidência da luz no espelho é igual àquele de reflexão, portanto você e mamãe se encontram em uma situação como essa:

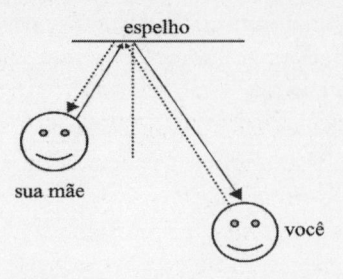

[diagrama: espelho, sua mãe, você]

Entretanto, se as coisas se apresentam assim, a luz fará também o percurso inverso. Partindo do Sol chegará ao seu rosto, irá se refletir no retrovisor e sua mãe poderá facilmente ver você. Portanto, é melhor deixar para roer as unhas em outro momento!

Veja, neste caso você aplicou uma lei da física — a da reflexão da luz, formulada com precisão de modo matemático — a uma situação cotidiana, e assim evitou uma repreensão de sua mãe.

Talvez o conceito mais fascinante da matemática seja o infinito. Os homens foram convencidos por milênios que o infinito fosse somente uma possibilidade e jamais uma realidade. Parecia que você poderia imaginar um número de grãos de areia tão grande quanto lhe parecesse, mas nunca infinito. Tome o número maior que lhe vem em mente; por exemplo 1 seguido por 80 zeros. Um número enorme. Há quem sustente que seria esse o número dos átomos do universo. Pois bem, se a isso você adiciona 1 então você terá um número ainda maior. Em suma, nenhum número, por maior que seja, é infinito. O infinito seria somente aquele "etecetera" que se insere antes de parar de contar.

No entanto, embora pareça razoável, as coisas não são assim. Uma das descobertas mais incríveis, que remonta talvez aos antigos egípcios, é a possibilidade de associar números ao comprimento dos objetos. Naturalmente, isso parecerá óbvio para você, pois desde pequena isso lhe foi ensinado, mas o ser humano só inventou essa correspondência entre números e comprimentos apenas há alguns milênios. Provavelmente pouco depois da revolução agrícola, que remonta a cerca de 10.000 anos atrás. O ser humano se tornou sedentário e precisava dividir os terrenos a serem cultivados. Medi-los, portanto, facilitava a sua tarefa.

Contudo, os gregos antigos fizeram uma descoberta gritante. Tomemos um terreno quadrado cujos lados possuem o comprimento de 100 metros — 1 hectare — qual será o comprimento do segmento que une os dois vértices contrapostos, isto é, a diagonal?

Os gregos não apenas não encontraram a resposta, como "demonstraram" que a resposta não existe. Isto é que nenhum número racional corresponde aquele segmento.

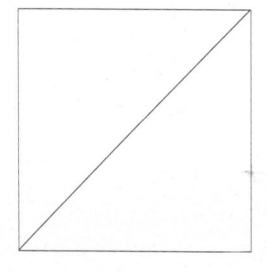

Os números racionais são todos aqueles que podem ser escritos como uma fração, tipo 3 quintos e 10 meios, que é igual a 5.

Foram precisos muitos séculos para compreender melhor este estranho fato. Hoje sabemos que para construir a correspondência conjecturada pelos egípcios entre os números e os comprimentos devíamos admitir que em um segmento *existam efetivamente* infinitos pontos. Portanto o infinito não é somente uma possibilidade, como pensamos por dois mil anos, mas também uma realidade. E não apenas isso: esses pontos são tantos que não conseguimos contá-los, nem mesmo usando todos os infinitos números naturais. Sim, meu amor, você entendeu bem; o infinito não só existe, e não é apenas uma possibilidade, como existem pelo menos dois tipos diferentes de infinito: um "maior" que o outro. Existe de fato o infinito dos números naturais e, depois, existe o infinito maior dos pontos de um segmento. É incrível, mas é deste justamente assim que as coisas se apresentam. E isto nos ensinou a matemática.

Minha querida, detenhamo-nos agora na palavra "demonstração". Você tinha completado quatorze anos e te obriguei durante o verão a procurar junto comigo a demonstração de um simples teorema matemático, sem que eu tivesse me dado conta que ninguém, até então, havia te ensinado o que fosse uma demonstração. Veja bem, está longe de ser fácil definir o que seja uma demonstração; ainda hoje os matemáticos discutem animadamente sobre isso. Porém é possível compreender em suas grandes linhas este conceito com simples exemplo.

Admitamos que sabemos logo de partida que os dois ângulos (a e b) opostos internos formados por um segmento que corta duas linhas paralelas são iguais, isto é $a = b$.

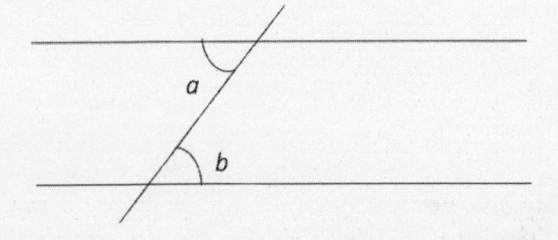

É importante sublinhar que uma demonstração se inicia sempre a partir das premissas, que devemos considerar já adquiridas. Não é possível demonstrar tudo. Para construir uma demonstração, convém sempre assumir alguma coisa como já aceita. Queremos demonstrar que a soma dos ângulos internos de qualquer triângulo é igual a um ângulo raso, isto é 180°. Para fazer isto, consideremos um triângulo qualquer cujos ângulos internos são d, e e f.

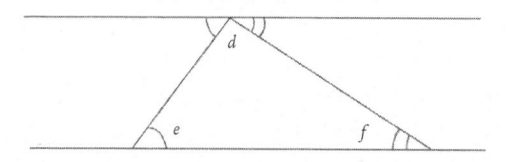

Alonguemos a base de ambos os lados e tracemos a paralela na base que passa pelo vértice correspondente ao ângulo d, como na figura acima. A partir da proposição que assumimos, isto é que os ângulos opostos formados por um segmento que corta duas paralelas são iguais, deriva que o ângulo e é igual ao ângulo do alto que marcamos com um tracinho. O mesmo raciocínio leva a sustentar que o ângulo f é igual ao ângulo no alto com dois tracinhos. Vê-se, então, que d mais dois ângulos iguais a e e f produz um ângulo raso, isto é um ângulo de 180°; portanto $d + e + f = 180°$.

Demonstramos, portanto, que qualquer triângulo tem a soma dos ângulos internos igual a um ângulo raso.

Imagine como isso é extraordinário! Podemos desenhar o triângulo que quisermos e aquela lei valerá sempre.

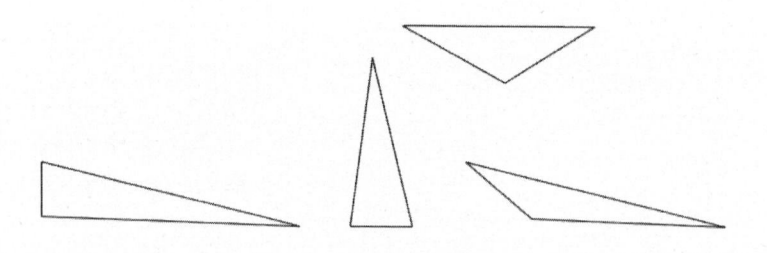

Minha filha querida, os gregos antigos têm muitos méritos culturais e entre estes também aquele de terem desenvolvido o conceito de demonstração.

Mas não apenas isso, como eu lhe dizia antes, eles demonstraram que o lado e a diagonal de um quadrado são incomensuráveis, isto é, estão em uma relação que não é representável mediante uma fração.

Voltando aos dois tipos de infinito e refletindo sobre o conceito de demonstração, descobrimos algo de verdadeiramente surpreendente.

Antes demonstramos que um triângulo qualquer tem a soma dos ângulos internos igual a duas retas, partindo da premissa que os dois ângulos alternados internos de duas linhas paralelas cortadas por uma terceira são iguais. Ora, toda demonstração matemática se baseia em premissas. Mas quem estabelece essas premissas?

Nós! Somos nós que decidimos a cada vez quais "axiomas" pressupor. Mas como, você me dirá, a matemática de baseia em premissas arbitrárias escolhidas pelo homem? Efetivamente são escolhidas pelo homem, mas são arbitrárias somente em parte. Todo matemático deve mostrar por que considera que os axiomas por ele escolhidos são interessantes. Por exemplo, os axiomas propostos por Euclides há mais de dois mil anos para a geometria são de uma fecundidade extraordinária, pois permitem a construção de uma série de conceitos facilmente aplicáveis à estrutura do espaço físico no qual vivemos cotidianamente. Existem muitas razões diferentes pelas quais os axiomas de uma teoria matemática podem ser interessantes: sua eficácia em explicar o mundo físico, sua elegância, sua capacidade de unificar outros conceitos da matemática, sua capacidade de modelar a forma dos nossos raciocínios, sua relevância em analisar a nossa intuição geométrica, e assim por diante.

Uma vez que chegamos a esse ponto, estou certo de que você se perguntará: "mas se a matemática é demonstração de teoremas a partir de premissas escolhidas, mais cedo ou mais tarde seremos capazes de esgotar todo o saber matemático?".

A resposta é não. E explico o porquê: tomemos uma das teorias matemáticas mais simples que existem, isto é, aritmética da adição e da multiplicação de números naturais. Ela também tem os seus axiomas. Vamos tentar fazer algo muito complicado. Você se lembra da famosa história daquele Cretense que dizia "Todos os Cretenses mentem!"? Ele é um Cretense, portanto está mentindo; mas então os Cretenses talvez digam a verdade. Logo ele está dizendo a verdade! Por isso os Cretenses mentem...! Que bagunça!

Fazemos algo parecido na aritmética. Os teoremas da aritmética serão do tipo "1 + 1 = 2", "3 × 3 = 9" e assim por diante. Você pode encontrar um modo para atribuir para cada um destes enunciados um número natural. E não apenas isso, pois toda demonstração aritmética será uma série de enunciados deste tipo, por isso podemos também enumerar as possíveis demonstrações. Uma vez tendo feito isso, construamos o enunciado "não existe nenhum número que corresponda a demonstração deste enunciado". Isso deixa você com tontura? Acontece com muitas pessoas, diante destas considerações. Chamemos de "G" a este enunciado que substancialmente afirma que ele não é demonstrável em aritmética. Nós sabemos que é verdadeiro, mas certamente ele não pode ser demonstrado; nós o construímos propositalmente não-demonstrável.

Veja, meu bem, uma das teorias matemáticas mais simples não é completa, isto é, ela contém enunciados verdadeiros que não podem ser demonstrados. Nem mesmo é possível demonstrar o contraditório de "G", isto é, que existe efetivamente uma demonstração sua. Portanto a matemática é "indecidível", isto é, ela contém enunciados que não podemos nem demonstrar, nem refutar.

Mas o que isto tem a ver, você me perguntará com os dois conjuntos infinitos dos reais e dos naturais?

Em um certo sentido, quando raciocinamos, nos movemos passando de um número natural a outro. Por exemplo, os enunciados possíveis da língua italiana são um número grande quanto se quer, mas podem ser todos enumerados. Raciocinar, no fundo, quer dizer mover-se entre estes enunciados. O conjunto dos raciocínios, ao invés, não pode ser elencado. Em outras palavras, o conjunto dos enunciados é como o dos números naturais, mas o conjunto dos raciocínios é como o dos números reais: enormemente maior.

É uma sensação extraordinária saber que nos deslocamos sobre simples pistas traçadas pelos esquis dos números naturais, mas essas pistas são uma parte ínfima da imensa neve fresca dos números reais!

Esta manhã eu acordei cansado e dolorido, após uma noite de sono agitado. E pensei em regenerar um pouco o meu espírito falando de matemática com você. Assim por algum tempo vivi uma paz profunda junto a você e aos matemáticos que descobriram esses conceitos. Certo, ao final a experiência do sofrimento cotidiano retorna sempre e nos traz de volta à realidade. Mas não posso esquecer totalmente alguns momentos de felicidade que hoje, ainda uma vez, o estudo me presenteou.

Capítulo IX
MATÉRIA QUE CALCULA. A INFORMÁTICA

Os computadores já circulavam há algum tempo quando você tinha dois anos, e, também, o *mouse* já tinha sido inventado. Já tínhamos consciência do impacto enorme nas nossas vidas dessa nova tecnologia e eu queria que você aprendesse sobre sua importância o mais cedo possível. Por esta razão, quando em uma loja do centro vi na vitrine um *mouse* gigantesco e colorido, concebido para crianças pequenas, quis absolutamente comprá-lo para favorecer sua familiarização com os computadores. Foi sua mãe quem me impediu de fazer aquela compra inútil!

Entretanto, os computadores nasceram na cabeça de um matemático que estava justamente pensando em uma criança. Alan Turing, nos anos trinta do século passado, tentou de fato imaginar quais fossem os atos fundamentais que uma criança realiza ao fazer as quatro operações com papel e lápis. Antes de tudo a criança tem diante de si uma folha de papel dividida em colunas e linhas de quadradinhos. O fato que a folha tenha duas dimensões não é essencial. A criança poderia trabalhar também com uma fita de papel, contanto que fosse tão longa tanto quanto ela necessitasse: dizemos potencialmente infinito. A esta altura a criança que calcula com lápis poderá escrever em cada quadradinho um símbolo. A criança tem uma memória limitada e, portanto, conhecerá um número finito de símbolos, por exemplo "N". Quando a criança lê o símbolo que vê no quadradinho, ela se encontrará em certo estado mental, que depende das contas que ela já fez e daquelas que lhe explicou o seu professor. Também os possíveis estados mentais da criança não podem ser infinitos, lancemos a hipótese de que existam apenas "M" estados diferentes uns dos outros. Ora, podemos dizer que as regras de cálculo que o professor ensinou à criança fazem com que ela leia um quadradinho da fita de cada vez e diante de cada quadradinho, de acordo com o seu estado mental, ela pode reagir em um número limitado de modos: passar ao quadradinho sucessivo, ou então voltar para a anterior, ou então, apagar o símbolo que ali se encontra e escrever um novo, ou mesmo parar. De qualquer forma, uma vez realizada sua operação no quadradinho, ela pode também mudar o estado mental, adquirindo um dos "M" estados possíveis de que falávamos. Tudo se resume a isto. Estas são as operações elementares de um estudante que faz as contas.

Após ter proposto este simples modelo matemático da criança que calcula, Turing se perguntou qual seria o significado preciso da noção intuitiva de "algoritmo" ou cálculo. Todos nós sabemos que "fazer a adição com o método em colunas" é um cálculo ou um algoritmo e que "lançar uma bolinha de basebol" não é um cálculo. Turing, e não apenas ele, se perguntou qual seria a definição exata de tudo aquilo que é calculável. E tentou propor como definição justamente o seu modelo da criança que calcula. Seja por mérito seu, seja pelos estudos de muitos outros, hoje quase todos admitem que calcular seja tudo o que pode fazer aquela criança que agora, em honra do grande matemático, é chamada de "máquina de Turing". Em outras palavras, encontramos uma boa definição matemática do que é calculável, ou, como se diz com frequência, "computável". É computável exatamente tudo aquilo que pode fazer uma máquina de Turing.

É incrível pensar que tudo o que é calculável possa ser realizado mediante uma série de passos como aqueles realizados por uma criança.

A partir daquelas esplêndidas páginas de Turing, nas duas décadas seguintes, seja pela sua contribuição, seja por aquela de outros grandes matemáticos, foram desenvolvidos os primeiros computadores.

Pare um pouco para refletir sobre como nasceram os computadores, que revolucionaram completamente o nosso modo de viver, produzindo infinitas novas aplicações até os *smartphones*, e favorecendo a produção de benefícios imensos antes inimagináveis. Quem teria dito que os estudos de um punhado de matemáticos superteóricos, que estavam buscando compreender a essência da racionalidade, teriam provocado uma das maiores revoluções tecnológicas de todos os tempos? A pesquisa de base é, ao invés, o investimento mais frutífero para um país. Ela não apenas é uma das atividades mais bonitas, que põe em movimento a parte mais nobre do ser humano, mas é também um empreendimento economicamente mais do que conveniente. De fato, se financiamos cem projetos de pesquisa de base, talvez somente um terá um impacto tecnológico, mas os benefícios derivados daquele único sucesso compensaram amplamente todos os investimentos. E, além disso, nos cem projetos encaminhados teremos empregado pessoas felizes com o seu trabalho.

O próprio Turing, nos anos cinquenta, propôs a hipótese de que partes progressivamente maiores das atividades simbólicas humanas poderiam ser adequadamente representadas mediante computações. Ele, para se explicar, formulou um divertido experimento mental, que depois foi chamado de "teste de Turing". Imaginemos uma pessoa — por exemplo Gigi — fechada em um quarto que pode se comunicar com dois outros ambientes somente por meio de mensagens escritas. Nos outros dois quartos há um computador e uma pessoa — por exemplo Marina. Gigi, fazendo perguntas, deve descobrir em qual quarto está o computador e no qual está Marina. Em vez disso, o computador e Marina, devem procurar não ser identificados. Este é o assim chamado jogo da imitação. É claro que o computador deveria responder de modo errado a muitas perguntas, do tipo de solicitações de cálculos astronômicos, caso contrário seria logo descoberto. E também Marina deveria ser frequentemente evasiva. De todo modo, para além do simpático exemplo, subsiste o fato que hoje, depois de mais de meio século, com efeito, os computadores podem desenvolver egregiamente tarefas que antes pensávamos que somente humanos pudessem fazê-lo, como indicar o percurso rodoviário, traduzir, jogar xadrez muito bem etc.

Podemos dizer, como alguns afirmam, que a inteira *inteligência* humana seja representável mediante uma computação? Não sabemos. Por enquanto estamos bem longe de obter este resultado. Esteja atenta às palavras: falei de "inteligência" e não de "subjetividade". Existem dois motivos fundamentais que nos impedem de considerar que a subjetividade humana por inteiro seja representável como uma computação. Em primeiro lugar, a experiência fenomênica, que, por enquanto, escapa amplamente não apenas de uma representação em termos computacionais, como também de toda e qualquer explicação científica. Em outras palavras, não temos um modelo razoável de "o que se experimenta", por exemplo, quando se vê um tomate vermelho. Em segundo lugar, a nossa capacidade semiótica de animar os objetos e de transformá-los em símbolos, dos quais falaremos ainda, não só não pode ser representada computacionalmente, mas também ela por enquanto escapa às nossas tentativas de explicá-la. Para que nos compreendamos melhor, existe uma bela diferença entre *compreender* o inglês e *saber traduzir* em inglês. Nenhum de nós, eu penso, estaria disposto a admitir que o tradutor da *Google*, embora bastante bom — certo, com erros muitas vezes hilários — *saiba* o inglês. Experimente colocar uma expressão idiomática no tradutor e na maior parte das vezes se produzirão resultados ridículos. Em italiano, por exemplo, a expressão "su questo non ci piove" [literalmente "sobre isso não chove"], que tem o significado de algo ser "absolutamente certo", o *Google* traduz como "it does not rain on this" ou "there is no rain on this", isto é, apenas em seu significado literal, que efetivamente quer dizer que "não chove em cima"!

Logo, nossa subjetividade não é adequadamente explicada por uma computação. Todavia a pergunta mais interessante é se a nossa inteligência, ou melhor a nossa capacidade de manipular símbolos, seja uma computação. Como já havia dito a você, também sobre este ponto convém por enquanto suspender o juízo. Entretanto, baseando-nos em um teorema descoberto também por Turing, se pode racionalmente sustentar que se a nossa inteligência é uma computação, não o saberemos nunca com certeza plena. Isto significa que sobre este tema o agnosticismo não somente é uma posição necessária hoje, mas talvez o seja para sempre.

Mas o que é um computador? Um ótimo modo para dar uma resposta, pelo menos parcial, a essa pergunta, é o seguinte: uma calculadora que manipula *informações*. Vamos dar um exemplo. Eu tenho a intenção de escrever na minha tela a palavra "pipa"[1], então pressiono em sequência as teclas correspondentes às letras P-I-P-A. O que acontece no meu compu-

---

1. No original italiano a palavra "pipa" significa "cachimbo", contudo, optamos por manter a palavra, já que — embora com outros significados — ela está presente também no vocabulário da língua portuguesa. (N. do R.)

tador? A cada letra corresponde uma série de 0 e 1. Em realidade eu dei para meu computador esta sequência de 0 e 1: "1010001001001101000001000001". Dentro do meu *notebook* existem unidades miniaturizadas — que se chamam MOSFET — que podem estar em 2 estados, correspondentes à 0 e 1. Quando eu escrevo PIPA, 28 MOSFET se dispõem na configuração adequada. À letra "P", por exemplo, corresponde a sequência "1010000". Após o que o computador com aquela linha de 0 e 1 pode fazer muitas coisas: pode visualizá-la na tela, pode memorizá-la, pode enviá-la a um amigo, pode buscá-la na *web*, etc.

Você se lembra do jogo "adivinha um número" com o qual enganávamos a mamãe? Você saía, eu lhe pedia um número de 1 a 10, depois, sem deixar que me notasse, abotoava e desabotoava a minha camisa de modo a representar o número em sistema binário — exatamente como fazem os computadores. Eu tinha quatro botões e fazíamos corresponder o "0" ao desabotoado e o "1" ao abotoado. Assim ao 1 correspondia 0001, ao 2 correspondia 0010, ao 3 correspondia 0011, etc. Você voltava e adivinhava o número olhando para as casas da minha camisa. Certa vez a mamãe tinha dito "8"; eu deveria implementar 1000 e, em vez disso, tinha desabotoado o último botão, isto é, tinha "escrito na minha camisa" a sequência 1001, que corresponde à 9. E você protestava, olhando fixo para a minha camisa: "Não, papai, é 9!" Com os computadores é necessário ser sempre muito precisos...

O que é, portanto, uma informação? Uma resposta possível, talvez não totalmente satisfatória, mas certamente eficaz, pode ser compreendida por um simples exemplo. Você se lembra quando, depois da festa em que você conheceu Stefano, você esperava impaciente por um SMS dele e se perguntava ansiosamente se você tinha chamado a atenção dele tanto quanto ele chamou a tua? Se nos dias seguintes você tivesse recebido o SMS, então a resposta a sua dúvida teria sido afirmativa; em vez disso, se ele não tivesse escrito nada, então a resposta teria sido negativa. Por sorte o SMS chegou em seu celular que não estava no modo silencioso às três da madrugada despertando a casa toda! Pois bem, aquela mensagem noturna foi portadora de 1 bit de informação, uma vez que respondia há uma simples pergunta dicotômica, isto é, com somente duas respostas possíveis: "sim, Stefano pensou em você" ou "não, Stefano não pensou em você". Em outras palavras, 1 bit de informação é uma unidade que pode se encontrar no estado que corresponde a 0 ou naquele que corresponde a 1. A escrita PIPA é, portanto, de 28 bit. 1 byte, que é a unidade que se usa mais frequentemente, equivale a 8 bit. Um arquivo de texto, como por exemplo esta carta, pode ser memorizado com alguns kilobytes, isto é 2-3.000 bytes. Uma canção, ao invés, memorizada com uma boa fidelidade, necessita de meio megabyte, isto é, de meio milhão de bytes. Para um filme chega a ser necessário 1 gigabyte, isto é, um bilhão de bytes. E assim por diante. Na prática, para representar adequadamente um filme é necessário responder de há 8 bilhões de perguntas dicotômicas! Cada uma dessas perguntas, em síntese, pergunta de que cor deve ser um pixel da tela na qual estamos assistindo o filme. E o grande arquivo que baixamos fornece todas as respostas, permitindo-nos ver o filme.

Assim, um modo para compreender ao menos um pouco as novas tecnologias é ter presente que elas se baseiam na manipulação das informações. Ou seja: em *input* transformam o estímulo que recebem em informação e em *output* produzem uma resposta após ter elaborado essa informação.

Minha querida, nesta carta eu lhe forneci alguns elementos basilares dos pensamentos que estão na base da revolução informática. Não entender, pelo menos um pouquinho, como funcionam as máquinas que utilizamos todos os dias e que modificaram nossa vida, faria com que nos tornássemos verdadeiros e próprios "novos escravos". Escravos que experimentam a necessidade dos smartphones e dos computadores, mas que não os compreendem e que não sabem o que são. Por sorte você não se encontra entre estes. E disso estou muito orgulhoso. Já nos admoestava Demócrito: "Valem mais as esperanças das pessoas cultas que a riqueza dos ignorantes".

Capítulo X
A REALIDADE DO INVISÍVEL. A FÍSICA

Caríssima, esta manhã pensei novamente naquilo que dizia Epicuro, em muito baseado no pensamento de Demócrito. Ele sustentava justamente que a explicação do fato que primeiro vejamos os relâmpagos e depois ouvimos o som do trovão deve ser atribuída à maior velocidade do primeiro em relação ao segundo. E, então eu, me lembrei deste episódio da minha adolescência. Naquele lugar montanhoso em que íamos com frequência nas férias, havia uma grade de proteção metálica muito comprida, com aproximadamente cem metros, que ladeava a estrada. Eu estava com o meu irmão, um pouco maior do que eu, e ele me contava como o som viajasse mais rápido quando era transmitido pelo metal do que quando era transmitido no ar. O som, como talvez você saiba, é constituído de ondas longitudinais, que viajam no ar partindo de uma fonte sonora até os nossos ouvidos. De fato, eu já sabia que a luz é mais veloz que o som, mas não que o som pudesse viajar em velocidades diferentes de acordo com o meio de transmissão. Nos colocávamos nos extremos opostos da longa grade metálica, e eu aproximei o ouvido do corrimão. Meu irmão deu um golpe tremendo com um bastão no ponto em que ele se encontrava. E eu não conseguia entender o que estava acontecendo. De fato, ouvia a vibração da grade (isto é o som transmitido através do metal) e depois o som do impacto. Eu tinha a impressão de aquilo era uma espécie de filme que fora filmado ao contrário: parecia que a vibração corresse ao longo da grade até se contrair no golpe de meu irmão. Eu pedi para que ele repetisse mais vezes o golpe, até que compreendi que o som corria veloz ao longo da grade e chegava logo ao meu ouvido, enquanto as ondas no ar — o golpe — chegava até mim alguns instantes depois.

Quando você fala com alguma amiga, você tem a impressão que o movimento da sua boca e o som da voz sejam perfeitamente simultâneos. É necessário, contudo, certo espírito de observação para se dar conta que eu o som se move no ar com certa velocidade, isto é, não é instantâneo. Ainda mais difícil é entender que o som é constituído por vibrações do ar. Um experimento que demonstra isso é a tentativa de transmitir um som em um ambiente sem ar. Sobre a Lua, como você sabe, não há ar. Se um astronauta tentasse se comunicar com o seu companheiro falando sem rádio transmissor no capacete cheio de ar, não escutaria nada, nem ele e nem o outro. Podemos compreender que são vibrações também pelo fato de que os alto-falantes não são outra coisa senão finas membranas que oscilam rapidamente, produzindo assim um som.

Mas por que o som no ar se transmite mais lentamente do que no metal? As moléculas do ar estão entre si bastante desconectadas — do contrário o ar não seria um gás. Como talvez você saiba, em um sólido as moléculas estão muito bem conectadas entre elas, em um líquido um pouco menos, ao passo que em um gás elas rolam uma sobre as outras livremente. Esta maior rigidez favorece a velocidade do som no metal. Se o metal fosse de todo rígido, porém, o som não seria transmitido. Você pode verificar que a coesão é relevante para transmissão, experimentando propagar o som na água: você perceberá que ele viajará em uma velocidade intermediária entre aquela no ar e no metal. Com certeza você já deve ter notado que sob a água todos os barulhos são amplificados. Isso porque a maior coesão da água transporta a onda sonora melhor que o ar.

E é assim que estudamos um pouco de física, partindo de uma situação da vida cotidiana.

A partir deste simples exemplo você pode compreender muitas coisas. Em primeiro lugar a física utiliza matemática. Com efeito o que é a velocidade? Como ela é calculada? Você já sabe, é simples. Se para percorrer 1 km você gasta 10 minutos, então em 1 hora você percorrerá 6 km, razão pela qual constata-se que você está viajando à 6 km/h. Portanto, a velocidade é um espaço percorrido dividido pelo tempo transcorrido. Por exemplo, a velocidade do som no ar é pouco mais de 1.200 km/h. Mais rápido do que um avião carreira. A velocidade do som na água é de 5.000 km/h, isto é 4 vezes mais, e a velocidade no ferro (como naquela grade de proteção) é de até mesmo 18.000 km por hora!

Em segundo lugar, a física explica aquilo que vemos formulando hipóteses sobre o que não vemos. O ar é constituído de moléculas, que são muito pequenas para serem percebidas pela nossa visão. E as ondas sonoras são muito velozes, razão pela qual não as percebemos. Aliás, há até mesmo ondas sonoras que não somos capazes sequer de ouvir, como os ultrassons, isto é, vibrações frequentes que escapam ao nosso ouvido, mas não, por exemplo, aos ouvidos dos cães. Você se lembra que a mamãe quando voltava para casa tarde depois do trabalho e não queria que Vega, o nosso golden retriever, acordasse você com seus latidos? Assim que ela entrava no elevador, tocava um apito ultrassônico: assim o cachorro sabia que ela estava chegando e se tranquilizava antes mesmo de ouvir os estranhos barulhos na escada. Vega podia ouvir aqueles ultrassons que você, ao invés, não escutava e, portanto, continuava a dormir tranquila.

Os elétrons, os campos magnéticos, as partículas elementares são todas elas entidades invisíveis que é a física conjectura para explicar fenômenos que, em vez disso, podemos ver ou medir. "Mas como fazemos — você me dirá — para estarmos seguros de que os elétrons existam? E, se não conseguimos percebê-los, como sabemos que eles são feitos do jeito que a física os descreve?".

Poderia acontecer até mesmo que agora mesmo eu esteja sonhando e que tudo aquilo que se mostra para mim, em minhas sensações, seja um engano. Logo, com ainda maior razão, devo duvidar do que não vejo.

De fato, você tem razão. Não estamos seguros de que os elétrons existam. De resto por vezes é melhor duvidar também da existência das mesas que vemos, isto é, quando estamos muito cansados ou ébrios. Todavia, se supomos que os elétrons existam e sejam constituídos assim como afirma a física, muitos fenômenos se tornam compreensíveis, de modo que é razoável supor que eles existam. Como já lhe disse, não podemos nunca estar certos de nada. É apenas muito provável que os elétrons existam. É apenas muito provável que a velha mesa alemã sobre a qual pela manhã frequentemente tomamos juntos o nosso café da manhã exista. Não temos certeza. Em vez disso, é pouco provável que no nosso porão existam fantasmas. É verdade que outro dia tínhamos escutado barulhos estranhos e a existência dos fantasmas poderia explicar este fenômeno. Mas é também verdade que os porões da nossa cidade estão cheios de ratos. Por isso é mais provável que o barulho tenha sido causado por um roedor, mais do que por um espírito maligno. Porém não podemos estar seguros de que não tenha sido propriamente um fantasma!

A partir do exemplo do som se aprende também um outro aspecto importante da física. O nosso conhecimento físico do mundo ocorre por modelos. Eu me explico melhor: quando o meu irmão bateu com violência na grade, na realidade aconteceram muitas coisas às quais não prestamos atenção. A grade e o bastão usado para golpear a grade se aqueceram ligeiramente por causa do impacto; lascas de tinta da grade pularam, assim como lascas de madeira; as ondas sonoras se dispersaram em todas as direções, não somente em direção ao meu ouvido; meu irmão ficou com uma pequena escoriação na mão etc. Nós, porém, somente estávamos interessados na velocidade das ondas sonoras a partir do momento do impacto até a chegada do som no meu ouvido e construímos um simples modelo matemático desse aspecto da realidade, deixando de lado todo o resto. E mesmo que todos os melhores físicos do mundo escrevessem juntos uma enciclopédia contando tudo o que acontece ao nosso redor no espaço e no tempo do impacto, seguramente não seriam capazes de colher todos os aspectos de uma realidade que, mesmo em um fenômeno assim tão simples, é imensamente complexa. Quero dizer que as nossas melhores teorias explicam somente uma parte do que acontece.

Muitos dirão a você que visto que conhecimento científico procede por modelos, então é parcial e incompleto, ao passo que existe alguma forma de conhecimento mais direta, mais intuitiva, que, de acordo com os casos, alguns chamam de "filosofia", outros de "religião", outros ainda de "teosofia" etc. Você bem sabe, eu lhe escrevi em uma carta anterior, que também eu quando jovem incorri neste erro. Todo o conhecimento humano se baseia em modelos. Não existem outros atalhos. É claro que existem muitos tipos diferentes de modelos, não somente aqueles da física. Cada modelo adequado põe em luz um aspecto diferente da realidade

Você também deve ter notado que na nossa pesquisa sobre o som usamos o método habitual. (1.) Começamos a partir das evidências empíricas — a vibração da grade é mais veloz que o som que se propaga no ar; (2.) formulamos a hipótese que o som se transmita como uma onda e que a sua propagação seja facilitada pela rigidez do meio; (3.) deduzimos que, se assim fosse, então na água o som deveria se propagar em uma velocidade intermediária entre o que acontece no ar no metal. E, efetivamente, (4.) nos deparamos com o fato de que as coisas acontecem mesmo assim. Isso confirma a nossa hipótese. Portanto, a série que você deve ter bem presente é: evidências-hipóteses-dedução-verificação.

Ao usar este método, a física fornece também respostas parciais para algumas das perguntas mais profundas que o homem tenha se colocado. Examinaremos três delas: o que é o tempo? Quais são as partes mínimas da matéria? E qual é a origem do universo?

Eu me lembro que é um dia você chegou até mim muito animada, dizendo-me: "mas papai, ontem hoje era ontem!" Demorei um pouco para entender qual era o paradoxo que você tinha descoberto. De fato, o hoje muda dia após dia, de modo que ontem, o hoje era de fato ontem. Estas mutáveis relações temporais, que encontramos em nossa experiência imediata, não foram ainda esclarecidas. E quando nas ciências empíricas se fala de tempo, se está referindo no mais das vezes às relações mais estáveis que não dependem da nossa posição. Para dar um exemplo destas últimas, é verdade que ontem hoje era ontem enquanto hoje é hoje, mas parece sempre verdadeiro que 25 de maio de 2017 é *anterior* a 26 de maio de 2017, ou que 26 de maio de 2017 é *posterior* a 25 de maio de 2017. Mas não só: parece sempre verdadeiro que das 14:00 do dia 25 de maio de 2017 até as 14:00 do dia 26 de maio de 2017 se passaram exatamente 24 horas. A física se ocupa dessas relações temporais de ordem e distância. E no século XX descobrimos coisas incríveis a esse respeito.

Vimos, antes, que o som se move no ar mais rapidamente — cerca de 360 metros por segundo — tanto que não percebemos nenhum intervalo de tempo entre o movimento dos lábios de alguém que nos fala e a escuta de suas palavras. A luz é imensamente mais veloz — cerca de 300.000 km por segundo! E pelo que sabemos a esse respeito, nada pode viajar mais rápido que ela. Isto foi compreendido por Einstein em 1905 e é uma situação bem estranha, como se pode compreender através do seguinte exemplo. Você está viajando por uma rodovia a 120 km/h e na pista oposta cruza um carro que viaja também ele a 120 km/h. Qual será a velocidade relativa com a qual você vê o outro carro passando em alta velocidade? Fácil: deve somar as duas velocidades e obtém 240 km/h. E de fato o carro que vem na pista oposta passa em um instante. Tente imaginar que você está montada em um raio de luz e que viaja a 300.000 km por segundo. Em seguida, você encontra Stefano montado em um outro raio de luz que viaja na direção oposta na mesma velocidade. A qual velocidade Stefano passara ao seu lado? Você pensaria em dizer 300.000 mais 300.000 km por segundo, ou seja, 600.000 km por segundo. Porém, acabamos de dizer que nada se move com velocidade superior a 300.000 km por segundo. Razão pela qual Stefano não viajará a 600.000 km por segundo: é impossível. A luz, de fato, se move sempre a 300.000 km por segundo em qualquer sistema de medidas que utilize, em razão do que verá Stefano correr na direção oposta a 300.000 km por segundo. Tudo começa a ser um pouco estranho.

E, na realidade, nesta nova teoria de Einstein, isto é a relatividade restrita, agora confirmada empiricamente milhões de vezes, ocorrem coisas realmente notáveis. Tínhamos dito que um dia dura 24 horas. Nem sempre. Se você estivesse sobre a Terra e visse Stefano viajar em uma velocidade próxima à da luz, você se daria conta que no relógio dele, o teu dia dura muito menos de 24 horas. E se, com efeito, você quisesse se salvar do medo de se tornar velha demais para Stefano, que talvez um dia poderia ir embora com uma moça mais jovem, você poderia partir para uma viagem interplanetária em altíssima velocidade, de modo que quando você voltasse estaria muito mais jovem que ele e ele se sentiria ainda mais atraído por você. Em suma, Einstein descobriu que as distancias temporais não são fixas como nós acreditávamos, caso nos movamos em uma velocidade próxima à da luz.

Mas as surpresas não param por aqui. Em sua teoria da relatividade *geral*, Einstein se deu conta de que também a gravidade influencia o ritmo do tempo. E este fenômeno pode ser tão intenso a ponto de forçar o tempo a girar em torno de si mesmo. Isso pode acontecer particularmente nos buracos negros, onde a gravidade é muito forte. Neste caso também a relação entre antes e depois é posta em discussão. Com efeito, se o tempo se torna uma espécie de círculo, dois eventos a e b, como se vê na figura podem ser um antes do outro, mais do que um depois do outro!

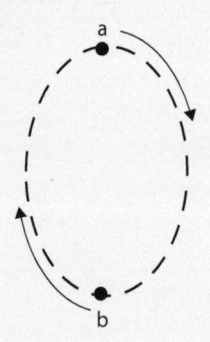

Resumindo, entendemos que, quando nos encontramos em situações físicas diversas daquela da nossa cotidianidade, isto é, com velocidade e/ou gravidade muito acentuadas, o tempo muda radicalmente. Nesses níveis, não parece ser aquele sistema de referência tranquilizador como, em vez disso, o são os calendários e relógios de nossa vida cotidiana.

Demócrito não acreditava que a matéria fosse infinitamente divisível, por uma razão importante. Tome um segmento; agora queira desenhar um quadrado. O que você faz? Apoia o lápis em um *ponto* extremo do segmento e traça o segundo lado perpendicular. Logo, um segmento é composto de pontos: dois na extremidade e, depois, no meio há outros. Se o segmento fosse infinitamente divisível, você não poderia continuar a dividi-lo incessantemente. Alguém poderia então dizer: "Ok, o segmento não é infinitamente divisível, mas é composto por infinitos pontos". E então Demócrito se perguntou: mas quão grandes são esses pontos? Daria vontade de dizer que são grandes zeros. Mas se fosse esse o caso, mesmo se você somasse todos eles, zero vezes infinito ainda dá zero, então pareceria que o segmento teria comprimento zero. Isso não é adequado. O defensor da tese dos infinitos pontos poderia tentar a estrada de que os pontos são pequeninos. E Demócrito lhe responderia que por menores que fossem, infinito vezes um número pequeno dá sempre infinito. E então o segmento resultaria infinitamente longo. Que bagunça! Demócrito então formulou a hipótese de que existiriam átomos, isto é, entidades indivisíveis, mas de grandeza finita. Como resultado, um segmento seria composto de um número finito de átomos.

Toda a física do último século está baseada nessa hipótese segundo a qual no fundo a matéria seria composta de tais entidades extensas mas indivisíveis. Exceto o fato que quando fomos investigar isso com aparatos experimentais sempre mais poderosos, descobrimos fenômenos muito estranhos.

Você estava estudando química no último ano do ensino médio e tínhamos começado a discorrer sobre os orbitais atômicos e moleculares. Em certo ponto falávamos do orbital 2 s do átomo de hidrogênio, que tem mais ou menos a seguinte forma:

No centro há o núcleo do átomo e o elétron, antes de ser medido, este se encontra seja na coroa circular escura, seja no círculo preto, no centro. Você me olhou espantada e perguntou: "Mas como assim? Ele nunca passa pela parte branca?". "Não". Disse eu. "E então, como ele faz para ir do centro até a coroa circular?". Retrucou você incrédula. "De fato é muito estranho", eu respondi, "mas o elétron, antes de ser medido, não é uma partícula bem localizada, mas é mais como uma nuvem, que pode ser descontínua, como no nosso caso. Ou mesmo, o elétron pode estar no centro, ou mesmo na coroa circular preta, mas nunca naquela branca".

Essa situação incrível, que não entendemos ainda muito bem se encontra na base de vários fenômenos surpreendentes do mundo microscópico. Os micro-objetos, antes de serem medidos, em geral não estão em uma única posição, mas, ao mesmo tempo em infinitas posições possíveis. Isso, entre outras coisas, relaciona-se com o famoso fenômeno do *entanglement* (em português, "entrelaçamento quântico") segundo o qual aquilo que acontece em um objeto enormemente distante — por exemplo em Andrômeda — pode estar ligado instantaneamente com aquilo que acontece aqui na Terra. "Mas como?", você me dirá: "você não tinha dito que a velocidade da luz é um limite? Como é possível que haja uma ação instantânea a uma distância tão grande?". Não se trata exatamente de uma ação, mas somente de uma correlação entre aquilo que acontece aqui na Terra e aquilo que acontece lá em Andrômeda. "Mas", você insistirá, "se há uma correlação repetida e sempre igual, também haverá uma causa, não pode ser um acaso!". Bem, vamos colocar desta forma, por enquanto estamos convencidos que não exista nenhuma causa, mas consideramos que, em um certo sentido, os dois micro-objetos — o que está em Andrômeda e o que está na Terra — não sejam realmente dois, mas apenas um só. Por isto aquilo que acontece de um lado está conectado àquilo que acontece de outro. De todo modo a compreensão destes fenômenos está bem longe de estar completa.

Veja, minha querida, a matéria, quando você vai estudá-la no microcosmo, é muito mais estranha do que aquilo que imaginava Demócrito. E quem sabe quantas outras descobertas extraordinárias nos esperam no futuro.

Quando você era pequena, nós líamos com frequência passagens da Bíblia juntos. E obviamente no livro do Gênesis se dizia que o universo havia sido criado por Deus. Não me parecia apropriado discutir razoabilidade daquelas páginas com você, que naquela época tinha somente seis anos. Pouco a pouco, você mesma, sozinha, iria começar a se interrogar. E, de fato, isso aconteceu até muito rápido. Um dia, você deveria ter no máximo sete anos, você me disse: "Papai, você sabia que o mundo não foi criado por Deus?". "Como assim?", eu respondi, "então quem foi?". E você, de volta, me respondeu: "o *big-bang*". Então lhe perguntei: "E o *big-bang* quem foi que o fez?". E você, sem pensar muito a esse respeito, respondeu: "Mas os *big-bang*'s se fazem sozinhos!". Percebi que na escola você tinha raciocinado com alguém sobre esses temas e que você tinha feito uma imagem dessa situação de forma bastante precisa. E de fato a física hoje pode nos dar algumas respostas parciais a esse respeito.

Einstein em 1915 formulou a relatividade geral, uma teoria que explica e descreve o comportamento dos astros: planetas, estrelas e galáxias. Pouco depois Hubble descobriu que se você olha em todas as direções, todos os corpos celestes estão se afastando uns dos outros como se o próprio espaço estivesse dilatando-se. Tente imaginar um panetone, em que os grãos de uva-passa são os astros. As passas estão todas perto uma das outras, mas quando o panetone incha, por causa da fermentação, então as passas vão se distanciando uma das outras.

Se as coisas estão assim, aplicando a teoria de Einstein, podemos tentar prever o que acontecerá no futuro no universo e o que aconteceu no passado. Você me interromperá imediatamente dizendo: "mas como fazemos para falar do universo inteiro se os nossos instrumentos de medida podem indagar apenas uma parte, isto é, aquela que é detectável?". A resposta é simples: a parte do universo que podemos observar não é tão pequena e podemos formular a hipótese que todo o universo seja similar àquele perceptível. Obviamente é uma hipótese — que por vezes é chamada de "princípio copernicano" — que deve ser verificada com base em suas consequências empíricas. A formulação desse princípio — também esta obra de Einstein — marca o início da cosmologia científica. Antes o homem tinha proposto uma miríade de teorias cosmológicas, mas nenhuma tinha um fundamento sério. Agora, pelo contrário, somos capazes de discutir cientificamente o universo. Contudo, cuidado: "cientificamente" não quer dizer que saibamos como teve origem e do que é feito o universo, mas somente que temos um método adequado para começar a formular a seu respeito hipóteses — certo, muito audazes — mas, de todo modo, pelo menos parcialmente justificadas.

Voltemos à expansão do universo. Indo adiante no tempo ele se expandirá mais, mas andando para trás se contrairá até convergir em um único ponto. Eis a famosa teoria do *big-bang*. O universo — o espaço, o tempo, a matéria — teria nascido de um único evento inicial, que teria dado origem a tudo. Quando esta hipótese foi lançada pela vez, poucos cientistas sérios acreditaram nela. Lembre-se como funciona o método científico:

depois da hipótese, ocorre uma dedução e, logo, uma verificação empírica. Os físicos calcularam que se o *big-bang* tivesse acontecido, então o universo inteiro teria que ter sido preenchido por uma leve radiação homogênea. De fato, em 1965, essa radiação fóssil ou de fundo foi encontrada. Essa é uma confirmação que o *big-bang* efetivamente aconteceu.

Essas hipóteses extraordinárias sobre a origem do universo estão longe de ser certas. Sabemos que no universo se encontra presente uma forma de energia desconhecida — a energia escura — que faz acelerar a dilatação do espaço. Sabemos, também, que o universo está cheio de um tipo de matéria — a matéria escura — que por enquanto não conseguimos observar de modo direto. Muitos não estão convencidos de que o *big-bang* seja único. Poderia existir um evento no interior de outro universo e assim por diante. A pesquisa no campo cosmológico é uma das partes mais belas e fascinantes da ciência contemporânea.

Hoje, durante a noite, permaneci do lado de fora olhando as estrelas. A noite estava amena e fixando o céu pensei no passado e no futuro. Eu me lembrei que Demócrito dizia que teria de bom grado trocado um reino inteiro mesmo que fosse por uma única explicação científica. Epicuro, pelo contrário, afirmava que o conhecimento serve somente para tranquilizar o ânimo, isto é, para evitar aquelas falsas convicções que criam em nós o medo. Não posso senão concordar com o primeiro. O conhecimento é por si só um prazer. Depois, certamente, em muitos casos é também útil, mas já o conhecer, mesmo se não servisse para nada, proporcionaria felicidade. Espero muito, minha filha, que você consiga experimentar com frequência este prazer. Certamente não é o único e nem o maior, mas talvez seja o mais inócuo e o mais seguro.

Capítulo XI
O SAL SE DISSOLVE NA ÁGUA. A QUÍMICA

Caríssima, Demócrito deve ter sido um homem muito simpático, a quem agradava viver e pensar; versado na matemática e nas ciências, espirituoso e generoso. Ele costumava dizer: "Opinião é a cor, opinião é o doce, opinião é o amargo. Verdade, são os átomos e o vazio". Em suma, não podemos confiar muito nos sentidos. Entretanto, ele acrescentava logo depois, falando em nome dos sentidos: "Oh, mísera razão, tu que alcanças de nós todas as tuas provas, tentas nos derrubar? O teu sucesso significaria a tua ruína". Isto é, ao menos um pouco convém basear-se nos sentidos, uma vez que as nossas hipóteses teóricas são confirmadas ou falsificadas somente pelos fenômenos. Sobre este ponto também Epicuro concordava: "Onde quer que te oponhas a todas as sensações, não terás mais nenhum critério a que te possas referir, para julgar aquilo que tu chamas de falácias". Claro, muitas vezes somos forçados a abandonar nossas imagens sensíveis da realidade. A física nos ensinou isso. A química é ainda mais taxativa a partir desse ponto de vista.

Esta manhã eu tomei um pouco de morfina para acalmar a dor no abdômen. A química nos explica que a morfina é uma molécula que impede os neurônios da dor de trabalhar. Parece, portanto, que a dor, uma sensação subjetiva, não seja outra coisa que um produto de mecanismos moleculares. Esta ligação entre moléculas e emoções incomodam, uma vez que parecem reduzir a nossa subjetividade a pouca coisa. Por este motivo a química é uma ciência pouco amada. Em vez disso, eu gostaria de tentar lhe mostrar que é uma disciplina belíssima.

Como eu já lhe havia acenado, quando eu era adolescente, eu estudava muito a química. Como talvez você saiba, ela investiga as relações entre as moléculas. Vou lhe dar um exemplo. Se você coloca uma colherzinha de sal de cozinha em um copo de água, o sal se dissolve. Como é possível? Descobrimos que aqueles cristais brancos que você vê, o sal na verdade, num nível microscópico são constituídos por tantos pares de átomos intimamente ligados entre si: um átomo de sódio e um de cloro, tanto que o sal de cozinha se chama "cloreto de sódio". O que une estes dois átomos diferentes com tanta força? Talvez você saiba que os átomos são constituídos por um único núcleo de partículas com carga positiva, chamados "prótons", por partículas neutras, chamadas "nêutrons" e por um número de elétrons dispostos na periferia do átomo, que são carregados negativamente. Os termos "negativo" e "positivo" são só um modo de dizer. Poderíamos tê-los chamado até mesmo de "cargas noturnas" e "cargas diurnas". O importante é que haja uma polaridade. É uma lei da natureza que as cargas opostas se atraiam. Ao contrário, as cargas do mesmo sinal se repelem. O número de prótons de um átomo é geralmente igual àquele dos elétrons, de modo que a carga negativa compense aquela positiva. Existem átomos pequenos, como o hidrogênio, que têm apenas um próton e um elétron; e átomos grandes como o chumbo que têm 82! O cloro tem 17 e o sódio 11. Isso significa que os 11 elétrons (negativos) do sódio são atraídos pelo seu núcleo que contém 11 prótons (positivos). Cada elemento tem um número que lhe é característico de prótons e elétrons.

Eu me lembro que a primeira vez que ouvi falar de elétrons e prótons eu estava no ensino fundamental. Tinha uma menina — Mara — que tanto eu como Carlos gostávamos dela. Todos os três éramos bastante *nerds*, isto é, muito bons e estudiosos. Era carnaval e antes da festa a professora decidiu que devíamos ter pelo menos um pouco de aula. Estávamos todos fantasiados, eu vestido como um índio. Carlos começou com um sermão sobre essas partículas subatômicas, que eu nunca tinha ouvido falar e não entedia como pudessem ser pequenas, uma vez que todas elas tinham a desinência "ONS"[1]. "Ora", pensei, "quando brincarmos depois de 'dança das cadeiras' Mara irá escolhê-lo pois ele sabe de todas essas coisas". E, em vez disso, tudo correu bem, apesar da minha ignorância sobre os átomos: fiquei com a Mara no final da dança das cadeiras! Mas voltemos a nós.

Agora, você me perguntará: mas se os elétrons, que estão na periferia do átomo, são negativos, serão atraídos pelos prótons positivos que estão no núcleo e, logo, colidirão no próprio núcleo! As razões pelas quais isso não acontece são complexas e tocam uma das grandes revoluções da física do século XX: a teoria quântica. Para compreendê-la de modo aproximativo, basta dizer que, na realidade, elétrons e prótons não são propriamente partículas, mas uma espécie de "nuvens", de modo que não podem ser muito compactadas.

Você certamente ouviu falar dos gases nobres: hélio, néon, argônio. Um dia, quando você tinha sete anos, decidi escrever e desenhar para você uma fábula. Era a história de uma menina que brincava com um balão cheio de gás hélio. O hélio

---

1. Não é possível fazer esse jogo de palavras em português. No original italiano o termo usado pelo autor é "oni" que, em geral, indica a forma plural aumentativa. (N. do R.)

tem um peso específico mais baixo que aquele do ar e, logo, flutua na atmosfera. Uma rajada de vento arranca do pulso da menina o laço e o balão se afasta no céu profundo. A menina se desespera. Mas, depois, o pôr-do-sol decide devolver o balão à casa da menininha, que o reencontra à noite e ri feliz. Eu li para você esta história uma primeira vez e quando o balão escapou você começou a chorar tanto que nunca mais quis escutar aquela fábula, que deve estar em algum canto de nossas gavetas, ilustrada com os meus desenhos tortos.

Voltemos aos gases nobres. Eles se constituem de átomos pouco interativos, que tem respectivamente 2, 10 e 18 elétrons. Os gases nobres são muito estáveis, isto é, não se modificam tão facilmente, tem por assim dizer um comportamento um pouco distante com relação aos outros átomos — afinal, eles são nobres! Esse fato deriva da compacidade da configuração de seus elétrons. Isso significa que 2 elétrons por alguma razão estão bem juntos; e o mesmo se passa com o 10 e com 18.

Voltemos agora ao cloro e ao sódio. O cloro tem 17 elétrons, razão pela qual se ganhasse um, chegaria à configuração estável 18; o sódio tem 11, e por isso se perdesse um estaria bem na configuração estável 10. Eis de onde provém a estreita amizade entre cloro e sódio: o primeiro ganha de bom grado um elétron e o segundo perde de bom grado um. Não apenas! O cloro se torna assim carregado negativamente e o sódio carregado positivamente, de modo que os dois átomos se atraem. Este é o sal de cozinha.

Mas, então, porque, quando você coloca o sal na água, o cloro e o sódio brigam e ele se dissolve? Você certamente sabe que a fórmula química da água é H_2O, isto é, um átomo de oxigênio e dois de hidrogênio. O oxigênio tem 8 elétrons, razão pela qual recebe de bom grado 2, para chegar a 10, que é uma configuração estável. O hidrogênio tem somente um, logo se esperaria que também ele quisesse um outro para chegar a 2. Ao invés, perde voluntariamente aquele único que tem.

Façamos uma pausa. Você percebe que maravilha que é o mundo que nos rodeia? Você descobre uma regra: a dos gases nobres que têm configurações eletrônicas estáveis e, logo em seguida, você encontra uma exceção. A natureza é surpreendente. Nesse caso, você deve, portanto, procurar uma nova explicação. No entanto não é fácil compreender por que o hidrogênio tenda mais para a perda do que o ganho de um elétron. Porém, esse fenômeno lhe mostra como na natureza você encontra frequentemente simetrias, que todavia não são nunca perfeitas: alguma coisa quebra-as quase sempre. Eu estou lhe contando esta história dos elétrons, dos átomos e da ligação química exatamente porque quando eu descobri — eu tinha dezesseis anos — essas quebras de simetria nos comportamentos dos elétrons e, portanto, químicos dos átomos, fiquei perplexo. Eu queria a todo preço entender o porquê. A química me agradava, mas aí me dei conta que somente a física podia talvez me oferecer uma resposta às perguntas que me interessavam.

Voltemos ao nosso ponto. Refletindo sobre aquilo que acabamos de aprender, podemos afirmar que a ligação entre os dois átomos de hidrogênio e aquele de oxigênio na água se baseia também no fato que cada hidrogênio tende a perder um pouco do seu elétron e o oxigênio a se apropriar dele. Lembre-se que os elétrons são nuvens e não partículas, e por isso podem se deslocar também somente em parte. Vemos, portanto, que o átomo de oxigênio na água estará um pouco carregado negativamente, enquanto os dois átomos de hidrogênio estarão um pouco carregados positivamente. O que acontece, então, quando na água chega uma molécula de sal constituída por sódio positivo e cloro negativo? O átomo de sódio será convocado pelo oxigênio e aquele de cloro pelo hidrogênio. Dizemos, com efeito, que cargas opostas se atraem. Por esta razão sódio e cloro tenderão a distanciarem-se um pouco e, logo, o sal virá a dissolver-se na água.

Esta é a química. Ela se interessa pelas ligações entre os átomos, pelas moléculas e pelas ligações, mais fracas, entre as moléculas. A química tende, porém, a considerar menos aquilo que acontece dentro dos átomos. Esse é o reino da física. A este ponto você me perguntará: "mas se as moléculas são constituídas por átomos e os átomos são explicados pela física, então, no fundo, toda a química pode ser compreendida em termos de física, uma vez que as propriedades e as relações daquilo que é composto são determinadas pelas propriedades e pelas relações daquilo que é mais simples!". Você está certa quanto a essa última afirmação? Dou um exemplo. De uma multidão se pode dizer que é "um mar", mas a multidão é composta por pessoas e de uma pessoa não se pode dizer que ela é "um mar"! Portanto, você percebe que o todo pode ter propriedades que suas partes não têm? Tudo bem, você vai continuar me perguntando: "mas mesmo se uma única molécula de água não é transparente, nós podemos explicar a transparência da água contida em um copo com base na estrutura molecular". "Isso é verdade", lhe respondo, "mesmo se a explicação não é muito simples". Mas nem sempre nós conhecemos como as propriedades do todo derivam daquelas das partes. Na verdade, na maioria dos casos não sabemos. Por exemplo, nenhum físico é capaz de explicar nos detalhes a complicada estrutura de uma molécula do teu DNA, sem introduzir conceitos não estritamente atômicos, mesmo se, claro, ele pode nos ajudar a compreendê-la melhor. Como em muitos outros casos, é melhor suspender o juízo. Logo, por enquanto, não sabemos se toda a química pode ser explicada ou não em termos de física. Uma coisa é certa: a química tem o que aprender da física e vice-versa. Todavia, por enquanto, elas são duas ciências distintas.

Infelizmente você ouvirá muitos que ao se referir a alimentos ou drogas dirão com desprezo "mas isso é química!". É um uso impróprio do termo. Tudo é feito de moléculas e, logo, tudo é química, até mesmo um unguento de origem vegetal. Talvez quem usa esse termo queira sustentar que existem produtos que não foram tratados em laboratórios e que, portanto, "não são química". Na realidade, porém, tudo aquilo que compramos, mesmo os produtos de fitoterapia, foi refinado em laboratório. Talvez, então, quem usa o termo "química" desse modo queira dizer que existem substâncias de origem natural, isto é, que provêm de animais ou plantas existentes na natureza e outras não. Essa distinção tem um sentido, mesmo se não é absoluta — a natureza está mudando continuamente — porém, não se compreende bem por que é que aquilo que é de origem natural seja melhor daquilo que é artificial. A cicuta e o curare são venenos terríveis e são de origem natural. Mais razoavelmente é necessário de vez em quando verificar com experimentos sérios o que faz bem e o que é nocivo à saúde. E é bom também estar conscientes de que estas pesquisas são longas e complicadas; que de costume os resultados são parciais e incertos; e que chegar a uma conclusão definitiva é muito difícil. Sem contar que todo ser vivo tem as suas especificidades, e por isso o que pode ser bom para você talvez não seja adequado para outros.

A química está me permitindo viver uma vida quase decente, mesmo se estou doente. Disso eu sou muito grato a ela. Mas a química não é somente isso. Ela é também uma linguagem que nos permitiu compreender mistérios profundos da natureza. Quando eu era jovem, eu tinha um amigo que não apenas era um grande apaixonado pela química, mas que já na adolescência possuía conhecimentos químicos superlativos. Qualquer um teria apostado que ele se tornaria um grande químico. Mas, depois, a um certo ponto, aconteceu algo em seu cérebro, e ele passou a repetir sempre as mesmas coisas e não conseguiu mais estudar, senão descontinuadamente. A vida sabe ser terrível. Eu me lembro de duas conversas que tivemos ao telefone, separadas por 15 anos uma da outra. Em ambas ele me dizia: "Agora estou um pouco melhor, logo nos veremos, compreendi certas coisas". Quase como um refrão. Com frequência volto a pensar nele e nas esperanças da juventude que são frustradas. Por sorte nem sempre as coisas terminam assim tão mal. E o futuro, como a natureza, em um modo ou em outro nos surpreende.

Capítulo XII
SOMOS TODOS VENCEDORES. A BIOLOGIA

Minha querida, pela tarde consegui fazer um breve passeio no bosque. Encontrei javalis, porcos-espinhos, veados, lagartos e gafanhotos. Uma diversidade incrível de seres vivos. Repensava em uma frase de Demócrito que soava mais ou menos assim: "Nós fomos discípulos dos animais nas artes mais importantes: pela imitação da aranha, no tecer e no remendar; da andorinha, na construção de casas; dos pássaros canoros, do cisne e do rouxinol, no canto". Somos, portanto, seres vivos também nós, como todos os outros, como os protozoários e os pinheiros, como os esquilos e os gafanhotos. A biologia se ocupa desse destino comum e sobre ela eu gostaria de conversar um pouco com você.

Eu devia ter cerca de quatorze anos quando estava lendo um livrinho de divulgação sobre a célula. Como você sabe, os seres vivos podem ser constituídos por uma única célula, como as amebas e as bactérias, ou por muitas, como os insetos, as samambaias e nós mesmos. Logo a célula é uma espécie de unidade elementar do ser vivo. Ela, mesmo sendo em geral muito pequena, usualmente muito menor que um milímetro, tem, no entanto, uma estrutura interna bastante complexa. Obviamente uma membrana a separa do ambiente externo, e de costume tem também um núcleo, que contém o seu DNA, e muitos outros órgãos e estruturas. O livrinho estava descrevendo uma dessas partes da célula, quando cheguei a uma frase com este teor e que me desconcertou: "Analisando ainda mais no pequeno se chega às estruturas *moleculares* da célula". "Mas como?", pensei comigo mesmo, já tinha uma ideia, mesmo se vaga, das moléculas, que em si mesmas, por aquilo que eu tinha entendido, não tinham nada de vivente; como é possível que os seres vivos sejam constituídos de moléculas?

Um espanto semelhante ao meu acompanhou o homem por milênios, tanto que somente na metade do século XIX tivemos provas irrefutáveis que nos seres vivos as moléculas desempenham um papel decisivo. Você conhece bem a mais importante de todas essas moléculas, que se chama DNA; ela, em um certo sentido, contém muitas informações sobre você e sobre os viventes em geral. Não todas, porém: embora o DNA seja uma parte relevante é, entretanto, insuficiente para estabelecer como será o indivíduo desenvolvido.

Você se lembra que ao final da carta sobre a química nos perguntamos se todos os fenômenos químicos são explicáveis em termos físicos? Agora que sabemos que os seres vivos são constituídos de moléculas, podemos nos perguntar se todos os fenômenos biológicos são explicáveis em termos químicos. Para muitos a resposta seria certamente afirmativa. A prova disso é que conseguimos elaborar remédios eficazes, que melhoraram enormemente a qualidade da nossa vida. Também aqui, porém, não sabemos se "toda" a biologia seria reconduzível a mecanismos químicos. De novo, a atitude melhor é a de suspender o juízo. Por enquanto, nem toda biologia é química, mesmo se a química das moléculas biológicas desempenha um papel central na compreensão do vivente.

Você encontrará muitos que afirmam categoricamente que todo ser vivo é constituído de moléculas e outros dirão que certamente não é assim. Não dê ouvidos nem a um nem a outros. Eles não podem saber disso. Pelo menos por enquanto. Considere também que as moléculas, como qualquer outra teoria, são somente um modelo. Certamente um ótimo modelo, mas não é preciso confundir o modelo com a realidade que ele quer representar e explicar. Dou-lhe um exemplo. Quando, após o exame de Maturidade[1], você partiu para sua viagem-prêmio em uma turnê pela Europa, eu lhe dei de presente um guia que você utilizou durante o seu itinerário. Pois bem, o guia é uma espécie de modelo da Europa, útil para compreendê-la e visitá-la, mas não é o continente real, mas apenas uma representação parcial. Certamente o modelo molecular colhe aspectos muito importantes do ser vivo e no futuro produzirá compreensão ulterior a seu respeito, entretanto é difícil imaginar que seja a explicação última de tudo o que acontece nos organismos. Cuidado, não estou afirmando que exista seguramente algo diferente para além das moléculas no ser vivo. Isso não sabemos. Estou somente notando que estamos bem longe de ter compreendido todo o ser vivo em termos de moléculas.

Voltemos, entretanto, ao meu breve passeio em um ambiente um pouco selvagem, durante o qual observei uma incrível variedade de seres vivos, desde insetos e repteis até os pequenos mamíferos, sem contar a rica vegetação na qual eles estão imersos. A diversidade biológica é uma grande alegria estética para o nosso ânimo, desde sempre cantada pelos poetas. Hoje ela conta com uma explicação unitária parcial, até pouco tempo atrás era impensável, isto é a teoria da evolução. Em outras palavras, compreendemos que as espécies dos seres vivos mudam

---

1. O exame de Maturidade *(Maturità)* é o equivalente italiano do nosso Exame Nacional do Ensino Médio — ENEM. (N. da T.)

com o tempo, tanto é que há bilhões de anos atrás não existia sobre a Terra nenhum ser vivo, depois, talvez há 4 bilhões de anos apareceram os primeiros organismos simples. Somente há 500 milhões de anos se desenvolveu uma multidão de espécies pluricelulares análoga àquela que observamos hoje, mesmo se as espécies desse período fossem muito diferentes daquelas de nossos dias. Nestes últimos 500 milhões de anos as espécies mudaram vertiginosamente. Você bem sabe que os dinossauros, que dominaram a Terra por milhões de anos, agora se encontram extintos. A grande maioria das espécies vivas, que habitaram o nosso planeta, agora não existe mais.

Qual é a lei que governa esta contínua mutação das espécies? Nós sabemos que o esquema geral para construir um ser vivo é escrito quimicamente no seu DNA. O DNA modifica de geração em geração por muitos motivos, não menos importante o fato de que em organismos que se reproduzem sexualmente — com um macho e uma fêmea — como no caso de *Homo sapiens*, o DNA do pai e da mãe — que são diferentes entre eles — se misturam. Algumas destas variações do código genético provocam mudanças na estrutura do organismo vivo que são relevantes para a sua capacidade de se reproduzir. Mais aquele organismo prolifera, mais o seu código genético, ou ao menos partes dele, é transmitido às gerações futuras. A capacidade de se reproduzir de um organismo chama "fitness" e substancialmente é o número de filhos que nascem dele. A *fitness* de um organismo depende de muitos fatores: do quanto ele se encontra bem no ambiente no qual nasce e vive (adaptação), do quanto atrai o outro sexo — no caso dos organismos de reprodução sexual — do quanto é fértil no casal que forma para gerar — apenas no caso da reprodução sexual — e, por fim, no caso de um ser vivo que vive em grupo, como as formigas, as abelhas e os humanos, do quanto é coeso e colaborativo o grupo do qual ele faz parte.

Já a partir deste simples resumo da teoria da evolução você pode compreender que o destino das características de um organismo é muito incerto, influenciado por tantos fatores, dificilmente previsível e, portanto, complexo. Você escutará dizer com frequência que a teoria da evolução mostrou que sobrevive o melhor adaptado e que a história da vida é uma luta pela existência. Essas são metáforas infelizes introduzidas no clima do século XIX no qual foi formulada a teoria, que tem pouco alcance explicativo. A capacidade de um organismo de se adaptar ao ambiente é certamente importante, mas o ambiente muda continuamente e às vezes são os próprios organismos que o modificam, como as formigas e os humanos. Além disso, certamente em alguns casos assistimos a verdadeiras e propriamente lutas entre predador e presa, mas isto não acontece sempre e não é a regra. Existem inumeráveis casos de simbioses e de organismos que se ignoraram uns aos outros. Nem faz muito sentido dizer que o mundo dos vivos é dominado pelo instinto de sobrevivência. Simplesmente após milhões de anos se reencontram em um certo ambiente aquelas formas vivas que sobrevivem e se reproduzem naquele ambiente, mas isto não significa dizer que os seres vivos *tendam* a sobreviver. Os indivíduos são portadores daquelas características que permanecem e são transmitidas, e não — vice-versa — que *tendem* a permanecer e a serem transmitidas. A lição da teoria de Darwin não é que o *escopo* da vida seja a sobrevivência, mas mais simplesmente que não existe um escopo determinado.

E como teve origem toda esta biodiversidade? Como se formou a primeira molécula de DNA capaz de se reproduzir e de coordenar a produção de um organismo vivo? Não sabemos. Este é um dos grandes mistérios da ciência contemporânea que merece de ser indagado e estudado.

Enfim, convém sublinhar com ênfase que nós somos parte de tudo isto, isto é que o *Homo sapiens* é uma espécie como todas as outras, fruto imprevisível da evolução biológica, que está continuando a se modificar e que, como todas as outras espécies sobre a Terra, mais cedo ou mais tarde provavelmente desaparecerá. Isso não impede, porém que, até onde sabemos, seja a única espécie que estudou a fundo e compreendido, pelo menos em parte, as suas origens. E isto por si só já é um acontecimento extraordinário. Além disso, a teoria da evolução não certamente uma explicação definitiva e completa do ser vivo.

Minha querida filha, você, no seu DNA, leva parte do meu e, logo, em um certo sentido, você é também o meu sobreviver a mim mesmo. Parte das características que você tem são as mesmas que eu tenho e outras são análogas às da sua mãe. Um amigo me contava que houve muitos momentos da sua vida em que ele se sentia literalmente o seu pai. Isso acontecerá também com você. Devo também lhe dizer que você, como cada um de nós, é uma raridade. Cada um dos seus genes tem uma história que remonta a muito tempo atrás, em alguns casos a mais de 4 bilhões de anos atrás. Desde quando a reprodução é sexual, digamos a aproximadamente 500 milhões de anos, passaram-se inumeráveis gerações e a cada vez o seu gene foi extraído entre dois possíveis. Você é o resultado de uma incrível série de loterias. E isso é inquietante, mas ao mesmo tempo extraordinário.

Você, porém, não é somente o seu DNA, mas também a sua história, desde a fase fetal até hoje, rica em encontros e experiências, de um mundo que você vivenciou e reelaborou. E a biologia ajuda a compreender sempre melhor as suas origens.

Capítulo XIII
AGORA LEVANTO UM BRAÇO. A PSICOLOGIA

Caríssima, Demócrito disse certa vez: "Se abrir o seu interior, você encontrará um depósito e um baú de males, bem singular e tormentoso". Conhecer a si mesmo é, de fato, uma arte difícil e importante. Você nunca o conseguirá por completo, e muitas vezes você terá a sensação de ter entendido e somente após muitos anos se dará conta que, pelo contrário, tomou alhos por bugalhos. Eu vou lhe contar uma pequena história pessoal, para lhe introduzir na ciência da subjetividade, isto é a psicologia.

Eu devia ter por volta de vinte anos, quando, depois do jantar, comecei a sentir o coração que batia enlouquecido, acompanhado de uma sensação de opressão e de angústia. Estava em casa e preveni os meus pais, que procuraram me acalmar. No dia seguinte consultei o médico, que me disse que talvez tivesse sido "uma crise de asma", nada de preocupante. Infelizmente após alguns dias o episódio se repetiu. E eu me persuadi que com toda probabilidade era de "origem psicológica". Eu me envergonhei muito com isto e me convenci de que precisava encontrar o modo de superar esse distúrbio sozinho com minhas forças. Encontrei em casa um livro de divulgação de psicologia, que li vorazmente. Ali se falava de ataques de ânsia, e não de asma! Aprendi as primeiras noções dessa fascinante disciplina. Fui também à biblioteca e descobri alguma coisa sobre fobias pós-traumáticas, ou os medos que persistem após um grave acidente, mas não era o meu caso. Vivi por meses com o medo de que esses episódios se repetissem. Depois, pouco a pouco, fui me sentindo melhor.

Você pode aprender muitas coisas com essa história. Em primeiro lugar, que as doenças da mente são doenças, exatamente como aquelas "físicas" e, logo, devem ser tratadas seriamente. Hoje, afortunadamente, entre os clínicos gerais, não existe mais aquela incompetência que eu então encontrara. Em segundo lugar, que, se a sua mente sofre — e muitas vezes acontece que soframos sem saber por que, sem uma causa identificável, como no meu caso — não é culpa sua, mas você precisa de ajuda. Em terceiro lugar, que mente e corpo estão intimamente ligados, razão pela qual as doenças do corpo com frequência tem efeitos mentais e vice-versa. Em quarto lugar, que, por sorte, foram encontrados ótimos medicamentos para curar e aliviar alguns sofrimentos mentais, que podem ser usados sem prejuízos, obviamente sob o estrito controle de um especialista. Se você toma um antibiótico para curar a infecção na garganta, por que não utilizar um serotoninérgico para curar os ataques de pânico?

Você certamente me perguntará o que são os "serotoninérgicos". Com frequência alguns desconfortos psíquicos estão ligados a uma escassa quantidade de serotoninas no nosso cérebro. Uma molécula muito importante para o bom funcionamento da mente. Se o paciente toma o serotoninérgico, os processos de destruição dessa molécula são retardados, de modo que o seu nível de concentração aumenta. Logo muitas vezes o cérebro do doente volta a funcionar normalmente. Muito diferentes são os ansiolíticos e os tranquilizantes, isto é, medicamentos que vão ocupar o lugar de moléculas que agem normalmente no cérebro, provocando um funcionamento diferente da mente. Estes últimos devem ser usados com uma cautela ainda maior, uma vez que modificam a personalidade e criam dependência — à parte o fato que diminuem também as nossas capacidades de atenção.

Leve em conta que vivemos em um mundo extremamente complicado, no qual não podemos nos ancorar em simples mitos. Em um certo sentido devemos ser nós mesmos, isto é, devemos encontrar em nós mesmos o sentido da nossa vida. E esta é uma grande dificuldade. O homem entendeu que é uma parte verdadeiramente pequena e marginal de um universo imenso. Certo, sua mente é extraordinária, mas não sabe bem onde se apoiar. Ela tem a capacidade de sair de si mesma e colher partes do mundo, mas dificilmente se aquieta. Como hoje conhecemos ao menos um pouco os mecanismos químicos da mente, é razoável utilizar estas competências para aliviar os nossos sofrimentos mentais.

"Mas", você me perguntará, "de onde vêm todos esses distúrbios mentais, que, mesmo não sendo verdadeira e propriamente formas de loucura, tornam difícil a vida de muitas pessoas?". Existe uma explicação simples que ajuda a compreender, pelo menos em parte.

O nosso patrimônio genético é fruto de bilhões de anos de evolução natural, todavia o *Homo sapiens* por um longo período viveu em pequenos grupos nômades que caçavam e colhiam às margens da savana africana. É razoável, portanto, considerar que muitos mecanismos do nosso corpo sejam adaptados a enfrentar situações que se encontravam naquele mundo. Em um certo sentido, aquela é a situação "natural" do ser humano. Viver ao ar livre, no calor, mover-se com frequência, caçar, colher, reunir-se em pequenos grupos que colaboram etc. Se há um perigo, como uma fera esfomeada, o nosso corpo deve pôr em funcionamento uma série de estratégias para enfrentar a situação. Algumas são reações imediatas, como o rápido afluxo do sangue aos músculos, para fugir ou para lutar, daí a típica palidez de que quem está com medo; outras mais a longo prazo, com a mobilização das reservas energéticas. É provável que muitos dos nossos distúrbios de origem nervosa, como a gastrite, a taquicardia etc. derivem do fato que as ameaças e os medos que vivemos hoje desencadeiam em nós aquelas reações que, entretanto, não são mais adequadas para enfrentar as situações que encontramos agora. Por exemplo, se o nosso chefe imediato nos ameaça, não devemos bater nele e nem escapar correndo; por outro lado, nosso físico não sabe disso, razão pela qual se prepara para enfrentar tarefas desse tipo. Talvez aqui esteja a origem de muitos de nossos distúrbios de origem nervosa. E a terapia, qual é? Não sei bem, mas creio que uma boa dose de atividade física cotidiana, possivelmente ao ar livre, que simule as condições dos nossos ancestrais, possa ser muito salutar.

Você me perguntará qual é a relação entre os estados físicos do cérebro e os estados psicológicos da mente. Novamente, convém suspender o juízo. Não sabemos. Como já falamos, não dê atenção a quem sustenta com segurança que todos os nossos estados mentais não são outra coisa senão estados físicos do cérebro ou a quem, com igual certeza infundada, afirma que há uma mente em boa parte independente do nosso cérebro. Sabemos seguramente que mente e corpo estão intimamente conectados. E em alguns simples casos conhecemos também as leis que os ligam, mas em muitas situações procedemos por prática, isto é, por acertos e erros, sem um guia teórico específico. Em certo sentido, com a mente você pode mover o corpo: basta que você pense: "Agora levanto um braço" e logo depois o levanto. Como é possível este milagre? Ninguém tem ideias claras a esse propósito.

Até a lagartixa que corre veloz no muro ensolarado tem, provavelmente, uma percepção do mundo. Nós, e talvez algum outro animal superior, temos não apenas percepções, mas mesmo conhecimento dessas percepções, isto é, aquilo que é denominado "consciência". Como é possível que este mundo subjetivo emerja dos complexos mecanismos químicos e elétricos do sistema nervoso? Não sabemos. Ao contrário do quanto muitas vezes se acredita, estamos muito longe de compreendê-lo. Os últimos tempos trouxeram certamente uma maior compreensão deste problema, mas falta ainda realmente muito. Isto não significa que estejamos seguros de que algo escapará sempre à nossa inteligência, ou que não é possível explicar tudo em termos químicos e elétricos, mas somente que, por enquanto, estamos muito longe de conseguir fazer isso.

A psicologia não se ocupa de comportamentos, como algumas pessoas volta e meia sustentam. Claro, os comportamentos são sua base de observação, mas sua finalidade é a de compreender o que se passa na cabeça das pessoas. Como em física o tique-taque do contador Geiger acusa em um nível microscópico a presença de radioatividade, do mesmo modo em psicologia os gritos da sua mãe quando coloco a mochila suja sobre a cama me avisam que ela está com raiva. Assim como é possível construir modelos para compreender o comportamento das partículas, também é possível proceder desse mesmo modo para entender os estados mentais. Claro, esta segunda tarefa é muito mais difícil.

Há diversos modos de representar os nossos estados mentais. Um dos modelos mais interessantes é o cognitivo, que identifica os estados mentais como complexas conexões causais de desejos e crenças. Outro é o psicanalítico, que insiste muito nas experiências que removemos por serem muito dolorosas, mas que, seja como for, influenciariam nossa vida consciente. Outro modelo ainda é o neuropsicológico, que destaca sobretudo as bases neurofisiológicas dos estados mentais. Todos ajudam na compreensão, ainda que parcial, da nossa subjetividade.

Por vezes imaginamos como seria belo poder perceber diretamente os pensamentos dos outros, sem ter de compreendê-los por meio de seus comportamentos evidentes. Na verdade, não está muito claro o que significaria se eu pudesse capturar os seus estados mentais, por exemplo, ou vice-versa. De fato, se eu percebesse os seus estados mentais eu não seria eu, mas você e vice-versa. Eu tenho a impressão de compreender que os estados mentais não são como mesas e elétrons, que estão lá fora e cada um pode observá-los independentemente; pelo contrário, cada um possui seus estados mentais. Uma coisa, porém, é certa: acontece com frequência que o olho do especialista compreenda melhor os estados mentais de quem os vive diretamente. Ou seja, mesmo se cada um de nós tenha seus estados mentais, isso não significa que seja assim tão fácil compreender os próprios estados mentais.

Quando acontece de ficarmos doentes, como no meu caso, geralmente a subjetividade está cheia de sofrimento não somente físico. Como dizia Epicuro: "O prazer é o bem primeiro que nos é conatural". E a vida do doente tem pouco, ou até mesmo nenhum, prazer. Porém, veja, frequentemente acordo com dores e me arrasto com dificuldade, mas quando consigo escrever uma destas cartas para você, o meu ânimo se alegra, pelo menos por algum tempo. Logo, mesmo se minha vida é difícil, vale ainda a pena ser vivida. Epicuro escreveu pouco antes de morrer a um amigo: "Tamanhas eram minhas dores nas vísceras e na bexiga [...]. E, no entanto, ao recordar de nossos raciocínios filosóficos de outrora, a alegria do ânimo sempre se adequou a todas elas". Eu tenho mais sorte do que ele, uma vez que com você posso gozar da filosofia não apenas na lembrança.

Capítulo XIV
UM BEIJO AFETUOSO. A SOCIOLOGIA

Minha cara, acordei de bom humor; e, como quase sempre faço, liguei o rádio para escutar um pouco de notícias. Alguém está apresentando no parlamento um longo discurso, no qual fala de bancos, multinacionais, capitalismo e classes sociais. Os bancos fariam isso, as multinacionais aquilo; a classe dos trabalhadores deveria agir assim, ao passo que, infelizmente, as multinacionais agem de outro modo. Em nossa linguagem cotidiana entrou em uso uma grande quantidade de termos coletivos como estes. Pode-se falar também do "Estado" italiano, do "Partido" democrático, da "Universidade" de Roma e da "família" Rossi[1].

Sabemos graças à química que existem átomos e moléculas que não vemos, por meio da física que existem partículas não observáveis; da psicologia que os outros têm estados mentais que não nos são perceptíveis diretamente. Pareceria, então, ser possível conjecturar que no mundo social existem verdadeiros

---

1. Referência a pessoas que possuem esse sobrenome na Itália e que fazem parte de determinada facção da máfia italiana. (N. do R.)

e próprios sistemas sociais, como os estados, a universidade e as classes sociais. Seguindo meu conselho, você se inscreveu na Freie Universität de Berlim. Imagine se no primeiro dia em que você foi assistir as aulas, depois de ter visto as salas, as bibliotecas, as paredes dos prédios, os estudantes e os professores, a certo momento você tivesse perguntado a um porteiro: "Desculpe-me, mas onde é que fica a Freie?". De fato, onde está a Freie Universität? Será talvez apenas um conjunto estruturado de construções, livros e pessoas? Ou é um dos muitos entes invisíveis com os quais inesperadamente as ciências empíricas povoaram nosso mundo?

Normalmente, um bom critério para compreender se algo existe ou não é indagar se ele tenha capacidades causais autônomas ou não, isto é, se seria capaz de causar algum efeito que, caso não existisse, não ocorreria. Por exemplo, voltando à física, não ouviríamos o tique-taque do contador Geiger se não houvesse radioatividade. Você poderia me dizer: "Como eu poderia me formar em História se a Freie não existisse?". De fato, é a Freie que lhe conferirá o título de Bacharel em História. No entanto, no momento de sua formatura haverá um grupo de professores sentados em um auditório diante de você, e você irá responder às suas perguntas. E o presidente da banca pronunciará a fatídica fórmula do ritual: "Pelos poderes que a mim foram conferidos pelo Reitor eu lhe concedo o grau de Bacharel em História...". Logo, a verdadeira causa do seu título de Bacharel não é a Freie, mas a situação que acabei de descrever. Depois disso, você receberá um documento de papel que atestará que você se diplomou, isto é que informará a quem porventura o leia, que você concluiu os exames, que aprendeu muitas coisas e que concluiu seus estudos. Enfim, parece mesmo que a Freie não seja nada mais que uma soma enorme de pequenos atos. Em outras palavras: embora a Freie tenha poder causal, esse poder não é autônomo, mas deriva de todas essas situações.

Contudo, é muito conveniente inventar, imaginar na mente, um ente, que chamamos "universidade" e que resume todas essas situações. O nome dela aparece no seu folder, no papel timbrado dos professores, no site etc.

Imagino que você não esteja convencida que sua amada universidade não seja nada mais do que a soma de todas essas pequenas situações. Estou certo de que você está pensando: "Mas como? Nas situações sociais, como essa por exemplo, o todo é mais do que a soma das partes. Logo minha universidade é algo mais que a mera união destes inúmeros comportamentos". Pode ser que você tenha razão, mas não temos elementos sérios para pensá-la assim. Experimente imaginar um beijo afetuoso com seu namorado, Stefano. Essa situação você pode descrever de dois modos diferentes: em primeiro lugar afirmando que há você e Stefano e o beijo que vocês estão dando; ou então, você poderia descrever em todos os detalhes sua posição física — movimentos dos seus músculos, dos seus lábios, etc. — e os seus estados mentais e, depois, a posição física do Stefano — movimentos dos seus músculos, dos seus lábios, etc. — e todos os seus estados mentais. É verdadeiro que a primeira descrição é muito mais eficaz e cômoda que a segunda, mas também a segunda é possível. E a segunda não pressupõe nada mais senão você e Stefano, ao passo que a primeira supõe que além de você e de Stefano exista uma terceira entidade, isto é "o beijo afetuoso".

A partir deste exemplo compreendemos que esses conceitos da sociologia, como capitalismo, classe social, universidade, família etc., não são outra coisa senão ficções úteis. Ou seja, são tipos-ideais, que ajudam a compreender a realidade ao nosso redor. Não são, portanto, verdadeiros e próprios atores sociais. Por isso quando esta manhã eu escutava no rádio o político que afirmava que o capitalismo fez isso e aquilo, na realidade era um modo cômodo para representar e compreender a realidade, mas o capitalismo não é algo mais com relação às pessoas que trabalham, comercializam etc.

Você ainda está em dúvida. Você gostaria de dizer que o amor entre você e Stefano é algo mais do que você e Stefano separados. Pode ser que seja assim, mas não existem bons argumentos nem mesmo a favor dessa hipótese. Lembre-se que nas relações humanas com frequência se encontram em ação mecanismos de controle recíproco, isto é, verdadeiras e próprias interações, que tornam muito coesas as relações entre as pessoas, mas isto não quer dizer que as protagonistas não sejam essas últimas. Dou-lhe outro exemplo. Um pequeno movimento do seu lábio desencadeia em Stefano um senso de afeto, que o leva a sorrir. E seu sorriso envolve você, que não apenas sorri, mas abre também os braços. E ele, vendo você tão afetuosa assim corre ao seu encontro e vocês se abraçam carinhosamente. Nesta maravilhosa situação — que eu espero que aconteça frequentemente com você — seu comportamento agiu sobre ele, que, por sua vez, agiu sobre você e assim por diante. Isso se chama "feedback positivo". Infelizmente, existe também o negativo. Por exemplo o movimento do seu lábio poderia levar os olhos de Stefano se tornarem carrancudos — pois é muito nervoso — e assim o seu impulso inicial na direção dele, em vez de aumentar, como no caso precedente, diminuiria. Nossas relações são tecidas com estes feedbacks, que explicam a aparente existência dos sistemas sociais, como a família, o estado e os bancos.

Esse mecanismo de reforço recíproco entre comportamentos é muito importante para compreender que quando alguma coisa não está indo bem entre duas pessoas no mais das vezes não é culpa de nenhuma das duas! Você se lembra de Mário e Laura, aqueles nossos amigos? Mário tinha frequentemente a cabeça nas nuvens e Laura está sempre com raiva dele por causa isso. Assim acontecia que às vezes era difícil passar o tempo com eles, porque ela gritava e ele ficava cada vez mais disperso. Poderíamos nos perguntar: "Mas, enfim, de quem é a culpa?". É possível que as coisas tenham se passado assim: Mário é um tipo que tende a se dispersar e Laura é uma pessoa que se irrita facilmente. Muitos anos atrás Mário terá se distraído e Laura terá ficado com raiva. Mas a ira de Laura fez com que Mario se distraísse ainda mais, a ponto de não a ouvir. E o aumento da distração de Mário fez crescer ainda mais a raiva de Laura. E assim por diante até chegar à atual situação paroxística. Na prática, veja que a atual relação fossilizada é fruto de uma longa cadeia causal de reforços recíprocos. Em uma situação deste gênero não há sentido perguntar por quem a teria iniciado, uma vez que o primeiro ato foi seguramente de natureza leve, ao passo que a soma de inúmeros comportamentos análogos levou à atual relação paradoxal.

Há uma razão pela qual eu tenho muito medo daqueles que se convencem que existem entidades sociais não individuais. Os mais horrendos crimes do século passado foram cometidos em nome dessas entidades. Pense no extermínio dos culaques por parte de Stalin, que tinha como objetivo instituir a sociedade comunista. Ou nos imensos extermínios praticados por Mao na China, também ali em vista de uma sociedade justa. Hoje, como você sabe, a China e a Rússia são países nos quais não apenas as desigualdades sociais são amplas como nos países que não seguiram o comunismo, ou até mais, mas neles se encontra quase completamente ausente a mobilidade social, ou mesmo a possibilidade de que o filho de um pobre se torne rico. Entrementes, milhões de família foram destruídas inutilmente. E também Hitler, em nome da realização de uma Grande Alemanha pura exterminou 11 milhões de judeus, ciganos, homossexuais, pacientes psiquiátricos e opositores políticos. E a Alemanha, onde você vive, é sim um país muito civilizado, mas exatamente porque com a ajuda dos Estados Unidos e da União Soviética se libertou de Hitler, não certamente por mérito desse último.

Convido fortemente você, quando se fala de relações sociais, a ter presente que os verdadeiros atores são sempre, e em todo caso, os indivíduos, isto é, as pessoas singulares, como eu e você. Esta consciência, entre outras coisas, também alivia um pouco a sensação de impotência que muitas vezes se apossa hoje daqueles que como nós se encontram imersos em um mundo conectado e muito rico em informações. É verdade que aquilo que acontece em Nova Iorque pode influenciar o meu cotidiano e o seu. É também verdade que as nossas ações individuais por vezes se perdem em um mar, em uma corrente que parece dominar a nossa vida. Contudo, essas forças não são autônomas, mas somente a soma interativa de todas as nossas ações. Além disso, às vezes basta pouco para que a corrente mude de direção. Enfim, sua pequena ação, mesmo se contracorrente, permanece um fato para você muito importante.

Desligo o rádio e pego o celular para chamar o médico. Preciso agendar os exames. Lembro-me então aquele colega que uma vez me disse: "Veja, todos temos um celular. O capitalismo nos forçou a comprá-lo". Na realidade, ninguém me obrigou a comprar o celular, muito menos o capitalismo que é apenas um conceito. Eventualmente fui solicitado pelos amigos e familiares que já tinham comprado um, por mensagens publicitárias, pelo meu desejo de mudar e assim por diante. Eu, por exemplo, comprei o celular simplesmente porque era cômodo e facilitava minha vida. Certo, se ninguém tivesse celular, com o meu eu não poderia fazer nada. Tente imaginar a situação absurda de um país no qual uma única família rica tivesse o celular; o que fariam com ele? De fato, não poderiam ligar para ninguém! Muitos de nossos comportamentos estão estritamente ligados aos comportamentos dos outros. O homem é um animal político, que colabora e raramente consegue construir coisas belas sozinho. Somos todos influenciados pela rede das nossas ligações, débeis e fortes. E muitas vezes as ligações débeis são mais importantes que as fortes. Você se lembra de quando conheceu Stefano? Ele não é o filho de um amigo da família, nem um de seus colegas de escola, mas o primo de uma amiga que você conhece, que tinha organizado uma festa de aniversário na qual vocês se encontraram. Existem algumas pessoas que para você são muito importantes e você as mantém bem próximas, mas não se esqueça que as ocasiões mais belas por vezes têm sua origem em encontros inesperados e remotos.

Para a difusão da utilização do telefone celular conta também a imitação. Como já tínhamos dito, o homem é um animal gregário, que tende a imitar os comportamentos dos outros. Muitas vezes em uma grande massa de pessoas acontecem fenômenos coletivos que não foram organizados por ninguém. Infelizmente, temos a tendência de atribuir a responsabilidade por aquilo que acontece sempre a alguém. Assim como os antigos gregos acreditavam que era Zeus quem lançava os raios, do mesmo modo hoje quando algo dá errado, em lugar de remediar a situação, nos dedicamos a encontrar um culpado. Pensar que por detrás de um desastre exista uma mão malvada, mais que uma coincidência infeliz nos tranquiliza, uma vez que se encontrarmos o culpado e conseguirmos silenciá-lo o efeito negativo não mais se repetirá. Ao contrário, se por detrás da catástrofe não existe o desígnio de alguém, então não sabemos como nos assegurar a tranquilidade no futuro. Esta é a mentalidade conspiratória, que vê em qualquer evento a mão de alguém. Não se pode negar que em alguns casos as conspirações existam, mas com muita frequência as coisas acontecem sem que ninguém o tivesse preordenado nem previsto.

Dou-lhe um exemplo. Lembro-me que, retornando de uma grande festa, você se lamentou que durante todo o tempo se formou aquilo que você, com uma metáfora eficaz, chamou de "necrópoles"; isto é, o fato de as pessoas se agregarem em pequenos grupos de indivíduos que se conheciam bem entre eles e dificilmente tinham lugar conversações entre pessoas que se conheciam pouco. Você estava com muita raiva e acusava as pessoas de fechamento mental. Na realidade, também um grupo de indivíduos abertos e dispostos a bater papo com quem quer que seja, mas que preferem estar em um grupo em que se encontrem pelo menos 30% de pessoas que lhe são familiares, depois de um pouco de tempo, sem que ninguém o queira, segrega-se em tantas "necrópoles"! Os comportamentos coletivos são com frequência muito surpreendentes e não organizados por alguém, nem desejados pelos indivíduos.

Por vezes tendemos a nos fechar em nosso clã, que nos oferece segurança, mesmo nos seus limites. Entretanto, isso impede a liberação de novas energias e a abertura a possibilidades inesperadas. Tome como exemplo seu avô, que com quase noventa anos está escrevendo um livro com aquilo que ele denomina o seu "irmão mais velho americano", que ele conheceu por acaso na internet.

Capítulo XV
QUANTO CUSTA UM SAPO?
A ECONOMIA

Meu bem, hoje lhe incomodo com uma simples operação aritmética, como já fiz por tantas vezes, desde quando você tinha três anos! Quanto sobra se de 100 você tira primeiro 70 e depois 80? Vejamos um pouco. Se você tira de 70 de 100 sobra 30. E de 30 não se pode retirar 80, porque neste caso se iria abaixo de zero! Portanto não é possível levar a termo essa operação sem usar os números negativos. E, no entanto, nossa alma tende a pensar que no fundo isso seja possível. Esta manhã não me sinto mal, estou otimista, mesmo sabendo que a minha doença é grave espero por uma cura. Assim como você, quando tem 100 euros no bolso e pensa que conseguirá dar conta seja de um gasto de 80 euros na compra de novos óculos de sol, seja de um gasto de 70 euros para pagar um jantar no restaurante japonês com Stefano.

Já sinto que você está impaciente: "Não sou tão idiota a ponto de não saber que é impossível pagar as duas coisas!" Sei que você não é tão boba assim, mas nem sempre estamos atentos a essas contas. Por exemplo, todos nós juntos somos certamente um pouco distraídos. Creio, de fato, que hoje as dívidas contraídas pelos governos e pelos particulares no mundo chegam a aproximadamente duzentos trilhões de dólares. É um montante enorme: quase o triplo de toda a produção mundial anual de bens e serviços, que chega a setenta trilhões. Se quiséssemos equilibrar no mesmo nível deveríamos todos trabalhar e produzir por três anos grátis.

A este ponto você estará assustada. Nós somos cerca de sete bilhões de pessoas. Isso significa que cada recém-nascido vem ao mundo com em média cerca trinta mil dólares de dívida sobre seus frágeis ombros. E você se perguntará: "E quem pagará todo esse dinheiro?".

Sua pergunta é justa até certo ponto. Veja, a primeira coisa que precisamos entender sobre a economia é que ela é um processo dinâmico. Os valores absolutos, como aqueles que acabei de lhe apresentar, são importantes, mas ainda mais significativo é o andamento da economia. Se um país cresce, mesmo se tem muitas dívidas, tudo bem. Se não cresce, mesmo se não tem dívidas, vai mal. O homem é um animal fortemente voltado para o futuro e pensa pouco no passado. As dívidas, em vez disso, estão voltadas para o passado. E todos nós buscamos créditos. Em geral, para crescer economicamente, contrair dívidas é um bom remédio, uma vez que com esse dinheiro emprestado podemos iniciar alguma atividade. Contudo, é preciso tomar cuidado para não exceder. E alguns sustentam que hoje em dia temos exagerado.

Com essas dívidas enormes e, consequentemente, também créditos, por aí, obviamente se favorece a especulação, isto é, a prática de ganhar dinheiro emprestando dinheiro. Vejamos dois exemplos. Fulano tem um grande capital, mas não tem ideias, nem vontade de trabalhar. Chega Beltrano, que tem uma ótima reputação e um bom trabalho, mas agora quer comprar uma casa e precisa de um empréstimo. Beltrano é de muita confiança (possui solvência), e, além disso, como garantia do capital emprestado, oferece a casa comprada, portanto, Fulano pode emprestar muito serenamente o capital a Beltrano, até mesmo com uma taxa de juros baixa. Mas aí chega Sicrano, que tem uma ideia inovadora e arriscada. Ele não tem nem um centavo sequer, mas tem muito entusiasmo. Sicrano, para realizar seu projeto, necessita de um empréstimo. Está claro que Fulano poderia lhe conceder o dinheiro, mas Sicrano possui menos solvência que Beltrano, razão pela qual lhe pedirá uma taxa de juros mais alta.

Este último mecanismo pelo qual o dinheiro sai dos bolsos de quem o detém para os bolsos de quem empreende seria virtuoso, se não fosse o fato que, sendo o montante da dívida agora imenso, os modos de especular sobre ela se tornaram tão invasivos e complexos, a ponto de pôr em risco todo o funcionamento do sistema. É exatamente o que aconteceu alguns anos atrás, quando explodiu uma grave crise financeira, que precipitou na recessão boa parte da economia mundial. E a economia, para ser saudável, tem de crescer.

Tenho a impressão de já ouvir o seu protesto: "Mas não se pode crescer sempre. Estamos destruindo o planeta! Temos de parar!". Você tem razão na substância, mas não na forma. Não podemos parar. O homem não foi feito para ficar parado, mas para ir adiante. Sei que alguns falam de "decrescimento sereno", mas, eu digo, se houvesse decrescimento, seria certamente gerador de ansiedade! Os seres humanos gostam de crescer sempre. Certo, o crescimento deverá ser na direção justa. Trata-se, em vez disso — e este é o maior desafio que a sua geração terá de enfrentar — de imaginar um crescimento que não seja tão fortemente monetário, mas que compreenda também a qualidade da vida, aquilo que alguns chamam o "desenvolvimento humano". Quanto vale um sapo? Quanto custa uma poesia de Baudelaire? Essas são perguntas importantes. O crescimento, de fato, deve também melhorar o ambiente natural e o cultural.

Muitas pessoas hoje falam mal dos economistas e da economia; dizem que os primeiros não foram capazes de prever a crise de 2008 e que a segunda é uma ciência que põe em primeiro lugar o lucro, descuidando em muito do que é humano. São afirmações um pouco superficiais. A economia é sobretudo uma ciência que produz explicações sobre o que aconteceu e não faz certamente previsões globais. Embora usando modelos matemáticos em que possam ser formuladas previsões bastante confiáveis a curto prazo a respeito de sistemas simples, entretanto, esses modelos não são aplicáveis em sistemas muito maiores; em todo caso, eles são sempre apenas parcialmente confiáveis, isto é também nas situações simples acontece por vezes o imprevisível.

Quanto à ideia segundo a qual a economia se ocuparia somente do lucro, é preciso dizer que os modelos econômicos não pretendem explicar tudo o que é humano, mas somente os comportamentos econômicos do homem. É evidente que as mulheres e os homens são também algo para além disso. Considere, pois, que aqueles que se entregam a lamentações do tipo "hoje todos pensam somente no lucro e no deus dinheiro" geralmente são hipocritamente os mais atentos ao dinheiro! Todos nós, de fato, possuímos uma predisposição egoísta natural que, em épocas em que a moeda tinha um papel secundário, exprimia-se no desejo de acumular bens imóveis e móveis. Em vez disso, hoje que o dinheiro tem um papel fundamental, esse desejo se exprime na acumulação de dinheiro. Isso não quer dizer que nos seres humanos não existam também impulsos altruístas. Falamos sobre isso na carta sobre a biologia, mas não é verdade que hoje o homem seja egoísta, enquanto no passado teria sido bom. Os homens e as mulheres infelizmente sempre tiveram e sempre terão também um desejo de se sobressair sobre os outros, que pode ser adequadamente limitado somente com o controle recíproco por meio de leis adequadas.

Muitos aspiram um retorno à economia da doação. A doação sempre foi importante nas sociedades humanas e é com frequência regulamentada por rituais específicos de reciprocidade. Portanto, em um certo sentido, também ela tem uma componente de troca e de reciprocidade. É, no entanto, totalmente impensável que isso seja o procedimento dominante nas relações econômicas entre as pessoas. Voltaremos a falar sobre isso.

Você terá ouvido de mais de uma fonte que nos países de todo o mundo o abismo que separa os ricos e os pobres está se aprofundando há décadas. E estou certo de que este fenômeno entristece você. Todos nós tendemos ao bem-estar, mas, ao mesmo tempo, queremos, pelo menos no discurso, que ele fosse distribuído de modo equânime. Entre outras coisas, você bem sabe que vive em um país bastante rico. De fato, a maior parte da população mundial habita em lugares mais pobres que a Itália. E isso sem dúvida alguma criará em você um pouco de incômodo. "Como é possível?" — você pensará — "Eu como uma entrada, um prato principal e até mesmo a sobremesa e eles não têm nem mesmo um prato de lentilhas?".

A propósito de lentilhas, me lembro que frequentemente eu preparava macarrão ou arroz com lentilhas. Um dia estávamos à mesa, você tinha seis anos, e estava comendo com bastante gosto um belo prato de arroz e lentilhas. Você parou e com um sorriso levemente esboçado me disse: "Eu não gosto muito de lentilhas, mas eu as como assim mesmo, porque fazem bem!". Eu me senti muito orgulhoso ao ver como, com apenas seis anos, você sabia conduzir tão adequadamente os dois "cavalos" que se encontram dentro de nós: o do desejo e o da vontade, que querem quase sempre ir em direções tão diferentes. Mas voltemos às desigualdades.

Quando você reflete sobre esses problemas, convém distinguir três conceitos diferentes: em primeiro lugar a pobreza verdadeira, isto é a falta de bens e serviços essenciais para viver; em segundo lugar a desigualdade, ou mesmo a diferença entre os mais ricos e os mais pobres. Em terceiro lugar a mobilidade social, isto é a possibilidade que o filho de um pobre se torne rico. Antes mesmo da desigualdade, é preciso combater a pobreza. E com frequência um dos modos para criar mais riqueza é exatamente aceitar ao menos um pouco de desigualdade. Imagine um país onde tudo fosse distribuído com base no aparentemente critério razoável: "a cada um segundo as suas necessidades". Essa figura exprime bem a ideia:

As três pessoas alcançam a mesma altura porque em razão de suas dimensões lhes é atribuído um pedestal adequado.

Esse princípio de equidade é muito importante e você não deve nunca esquecê-lo. Mas convém que você o faça dialogar com uma forma de recompensa para quem se empenha mais, para quem tem iniciativa e para quem obtém melhores resultados. Se você se esquece de remunerar a seriedade e os sucessos, de fato, ninguém mais será incentivado a realizar projetos, de modo que todo o conjunto será talvez mais equânime, mas também mais pobre. Em outras palavras, entre riqueza e igualdade subsiste uma espécie de antítese: com frequência tanto mais cresce uma, tanto mais diminui a outra, e vice-versa.

Aliás, Demócrito dizia: "São em maior número aqueles que se tornam hábeis com o exercício que aqueles que o são por natureza". Como na fábula, se a lebre se perde pela estrada brincando e tirando uma soneca, mesmo sendo por natureza mais veloz, alcança à linha de chegada depois da vagarosa tartaruga que, no entanto, nunca parou de se mover. Isso quer dizer que, se você recompensa os resultados, incentiva acima de tudo o comprometimento e não somente os dotes inatos.

Considere ainda um problema adicional. Um sistema de redistribuição igualitária da riqueza produzida requer um aparato de pessoas que se ocupem de tal procedimento. Infelizmente a burocracia para cobrar os impostos, redistribuí-los e utilizá-los de modo igualitário para os cidadãos, sobretudo se carentes, custa muito e no mais das vezes consome uma parte significativa da riqueza, que assim não é investida em atividades produtivas. E não só, mas as pessoas, e você sabe disso, visam ampliar o próprio poder. A burocracia que você deve instituir para fazer funcionar um sistema igualitário é composta também ela de pessoas, que tenderão a se expandir cada vez mais. Isso não significa que não devamos ter uma administração pública que exija impostos na proporção das rendas e dos patrimônios e que os reinvista em serviços úteis aos cidadãos, com particular atenção aos mais fracos. Estou dizendo somente que um planejamento excessivo desmotiva a iniciativa dos indivíduos e corre o risco de potencializar excessivamente o aparato burocrático.

Se é útil premiar quem trabalha muito e bem, uma vez que cria riqueza, que depois pode ser redistribuída pelo menos em parte, ainda mais importante é favorecer a mobilidade social. Dou-lhe um exemplo: as desigualdades na China e nos Estados Unidos são quase iguais, mas a mobilidade social nos EUA é muito mais alta que na China.

Todos nós somos fortemente parciais em favor de nossos filhos. Por isso procuramos ajudá-los de todos os modos possíveis. Você bem sabe que por você eu seria capaz de fazer qualquer coisa, mas você, que justamente é orgulhosa, nunca quis que eu lhe favorecesse. E Demócrito nos admoesta: "O acúmulo excessivo de riqueza para os filhos é um pretexto que demonstra a natureza própria da ganância pelo dinheiro". Além disso, se o pai se esforçou e obteve muito, ele utilizará esse muito para encaminhar seu filho — que talvez possa ser apático e incapaz — em uma boa carreira. Essa tendência bloqueia a mobilidade social, é injusta e empobrece um país. Como fazer para evitá-lo? Pois bem, existem algumas receitas importantes: altas taxas sobre heranças, de modo que o filho do rico não possa herdar em demasia os bens dos pais; sério controle para que o acesso aos trabalhos bem remunerados e difíceis seja consentido somente àqueles que se empenham; incentivos para os pobres que tenham alcançado bons resultados.

Dizia justamente um economista que quando se vai ao açougueiro comprar uma bisteca, a esperança de encontrá-la não depende tanto da sua generosidade, mas muito mais do fato que ele siga os próprios interesses. Ou seja, se o açougueiro sabe que eu estou disposto a pagar para comprar uma bisteca, então ele irá comprar do criador um vitelo e o preparará para me vender. É verdade que os homens têm também bons sentimentos, mas no mais das vezes estão atentos aos próprios interesses, por vezes até de modo mesquinho. Por essa razão, basear uma economia na doação e na generosidade, como muitos desejaram, é impensável. Certo, essas boas disposições desempenham um papel importante, mas não decisivo. Muitos economistas defenderam que, se cada um perseguisse somente os próprios interesses, sem violar a lei, a economia funcionaria melhor: as mercadorias se deslocariam de onde estão em excesso para onde há escassez, os trabalhadores e as competências seriam distribuídos naturalmente segundo o necessário. Não somente, se um açougueiro vendesse carne ruim a preços altos ninguém viria mais ao seu açougue, razão pela qual também a ele convém trabalhar bem. Esse é o famoso conceito de "mão invisível"[1], ou de "economia liberal", da qual com frequência você terá ouvido falar ou muito bem ou muito mal.

Que a busca dos próprios interesses por parte dos cidadãos crie riqueza é certamente verdade. Todavia infelizmente também é verdade que em um mercado competitivo quase sempre existe alguém que se torna muito mais forte economicamente e, uma vez alcançada a posição dominante, usa toda sua energia para bloquear qualquer tipo de concorrência e de novas iniciativas. Este fenômeno — que se chama "monopólio" — é injusto e empobrece um país. O mercado deve, portanto, ser sempre guiado por regras que limitem comportamentos como esse.

A tese segundo a qual o melhor modo para criar bem-estar seria a busca, por parte de cada um, do próprio lucro respeitando as regras gerais, no entanto, também é objeto de outra critica importante. Dou-lhe um exemplo. Você e uma outra jovem desconhecida foram aprisionadas por uma figura sombria em um poço profundo com três metros de profundidade com paredes lisas. Fora do poço se encontra uma única bicicleta para escapar e uma corda. Consideremos a hipótese, cara a muitos economistas, que cada uma de vocês persiga os próprios interesses. Vocês têm diante de si mesmas duas opções: ou esperar (talvez inutilmente) que alguém venha lhes salvar, ou construir uma pirâmide humana de modo que uma das duas consiga sair. Imaginemos que vocês escolham essa última opção. A esta altura, o que fará aquela de vocês que está fora? Lançará a corda

---

1. O conceito de "mão invisível" foi introduzido por Adam Smith em *Teoria dos Sentimentos Morais*, obra de 1759, e se refere à interferência que o mercado exerce na economia. Para este autor, se a economia não contar com uma intervenção de órgãos externos ou do governo, ela se fará regular automaticamente, como se houvesse uma mão invisível fazendo com que os preços fossem determinados pelo próprio mercado em razão de sua necessidade. (N. da T.)

para a outra, ajudando-a a sair, para depois ter que dividir a bicicleta em duas, ou escapará sozinha com a única bicicleta? É claro que, se ela persegue os próprios interesses, optará pela segunda alternativa. Mas isso quer dizer que, sabendo disso, nenhuma das duas estará disposta a ser a base da pirâmide humana, e, logo, permaneceriam dentro do poço esperando por improváveis socorros. Em vez disso, se uma confiasse na outra, escapariam juntas com a bicicleta, talvez um pouco mais lentamente, mas em todo caso estariam fora do poço. Veja, nem sempre convém privilegiar os próprios interesses. Com frequência, sobretudo de existe a confiança, é melhor colaborar. A confiança, portanto, é um bem primário de uma coletividade. Se faltar, cada um persegue os seus próprios interesses, muitas vezes criando situações paradoxais, como a do poço de que acabei de falar. Por isso é preciso buscar a colaboração.

Este dilema mostra que por vezes não convém perseguir os próprios interesses, mas é melhor cooperar. Entretanto, se um colabora e outro não, o cooperador recebe o dano e o insulto. Empiricamente se demonstrou que em situações análogas àquela do poço, que se repetem cotidianamente entre as pessoas, convém adotar a estratégia "tit-for-tat"[2], que consiste em cooperar ao menos na primeira vez em que se encontra com alguém e, depois, nas próximas vezes, agir como o outro se comportou conosco na vez anterior. Por exemplo, se encontramos Fulano, cooperamos; após o que, se também ele coopera, então da próxima vez que topamos com ele colaboramos novamente, caso contrário, não colaboramos. E assim por diante.

Em vez disso, eu é que fui parar no poço, pois agora me sinto cansado. Às vezes eu acho que todas estas minhas elucubrações um pouco professorais só conseguem te entediar.

---

2. Provérbio da língua inglesa que tem o sentido do nosso "pagar na mesma moeda". (N. do R.)

Na verdade, vigiar sobre si mesmo é um pouco cansativo. Convém dizê-lo. Entretanto, cuidar de si é uma daquelas "dores" que, com o passar do tempo, proporciona um "prazer" maior, como dizia Epicuro. Claro, a economia é por vezes uma ciência chata, contudo ela é útil para compreender melhor o mundo contemporâneo. Muitas vezes se fala mal dos economistas; diz-se que não são capazes de prever as crises. É uma acusação que não procede: prever os fenômenos econômicos é quase impossível, mesmo porque surgem frequentemente novos fatores que influenciam as tendências de uma forma inesperada. É já uma grande coisa que os economistas ajudem a compreender o que aconteceu e explicam quais são as ações mais razoáveis nas situações intrincadas que nos encontramos vivenciando.

Por sua vez, nos comportamentos humanos coletivos acontece algo que os torna particularmente imprevisíveis. Você se lembra quando eu te disse que convém ir ao supermercado fazer as compras às duas da tarde quando não tem ninguém? Imagine se todos os frequentadores daquele supermercado não estivessem presos a um horário de trabalho. E não só, mas faça de conta que todos sejam um pouco "cerebrais" como eu, isto é que se organizam para ir ao supermercado fazer as compras quando tem menos gente. O que acontecerá então? Por exemplo, muitos notam que às duas da tarde tem pouca gente, razão pela qual logo depois aumenta o número daqueles que vão ao supermercado às duas, mas não muito, porque depois as pessoas se dão conta disso e mudam de estratégia. Na prática, o resultado seria que o supermercado não estaria nunca muito cheio nem muito vazio, no entanto em torno dessa média ocorreriam flutuações notáveis e repentinas. Portanto, você poderá ver que nos comportamentos humanos subsiste uma espécie de influência das teorias das pessoas sobre aquilo que sucede, que modifica o que acontece. Estes efeitos tornam muito difícil prever em detalhe os fenômenos humanos coletivos.

Agora vou me deitar um pouco para repousar. E espero até amanhã para lhe escrever outra carta.

Capítulo XVI
O HOMEM DAS PROBABILIDADES

Minha querida, como você sabe, há alguns meses, após o diagnóstico da doença me disseram que eu tinha 50% de probabilidade de sobrevivência após um ano. É também por essa razão que eu decidi lhe escrever estas cartas, que são como uma espécie de meu testamento moral. E também uma coletânea de pensamentos que espero que possam lhe dar algum conforto nos tempos que estão por vir, quando, talvez, eu não esteja mais aqui. Hoje, porém, aproveito a ocasião dessa triste avaliação probabilística para refletir sobre a própria probabilidade, um conceito que é para nós, nunca seguros de nada, um verdadeiro e próprio guia para a vida.

O que significa o enunciado "Fulano tem 50% de probabilidade de sobreviver após um ano"? Quer dizer que o médico que disse isso estaria disposto a apostar no fato que Fulano, dentro de um ano, somente estará vivo se, em caso de vitória, lhe dessem o mesmo valor que ele perderia no caso em que isso não fosse verdadeiro ou aceitando que alguém fizesse aquela aposta com ele. Ou, como se diz entre os apostadores, a sobrevivência de Fulano após um ano é de 1 para 1, e Fulano seria tanto o apostador quanto o agente de apostas. Você está surpresa com essa linguagem de apostador? Tenha, no entanto, em mente que a noção de probabilidade foi elaborada por filósofos e matemáticos frequentadores de casas de jogos, aos quais aprazia jogar.

Em outras palavras, nessa interpretação subjetivista do conceito de probabilidade, se Fulano assevera que "a probabilidade de que aconteça assim e assado é p", em que p está para 30% ou 50% ou então, também 100%, então Fulano está pronto para sustentar a aposta correspondente. Você me dirá que essas probabilidades subjetivas não servem a grande coisa. Com efeito, que importância tem se o médico está pronto a apostar 1 a 1 que eu sobreviverei após um ano? Além disso, parece de mau gosto apostar a respeito de um argumento desse tipo.

Na realidade a aposta é somente um modo de representar com clareza as crenças do meu médico. Uma vez que, como você sabe, não podemos ver o que se passa em sua cabeça, afirmar que a uma de suas opiniões probabilísticas corresponda uma disponibilidade sua em apostar num determinado modo é uma maneira de fornecer uma definição explícita do fato ele esteja efetivamente convencido da sua declaração. Além do mais, a maioria das vezes que uma pessoa séria abraça um ponto de vista desse tipo, ela o faz com base em amplas estatísticas. Imagino que o meu médico tenha visto muitas pessoas que se encontram mais ou menos na minha situação clínica e que, infelizmente, só a metade delas tenha sobrevivido após um ano.

Veja, entretanto, minha filha, que é importante distinguir entre o *fato* que até agora a metade das pessoas doentes como eu tenha sobrevivido por mais de um ano e a *opinião* do médico que sustenta que eu tenho 50% de possibilidade de sobreviver por um ano. O primeiro é de uma frequência de observações efetivas, ao passo que a segunda questão é uma previsão subjetiva baseada em casos precedentes.

Dou-me conta que é triste, seja para mim seja para você, raciocinar logicamente sobre minha doença terrível. Todavia entender, compreender, com frequência proporciona um pouco de alívio. Epicuro disse certa vez: "Em qualquer outra ocupação nossa, dificilmente o fruto virá após a conclusão; na filosofia, o conhecer está acompanhado pela alegria; de fato, não se trata de prazer após o aprender, mas de aprender e, ao mesmo tempo, regozijar-se".

Vamos mudar de assunto e falar de coisas mais divertidas. Você se lembra que por anos fui a uma academia de ginastica pelo menos duas tardes por semana? E ali fiz amizade com Ana e Renzo. Eram simpáticos e com frequência, enquanto nos exercitávamos, trocávamos algumas palavras. Depois de um pouco de tempo me dei conta que eu encontrava Renzo cerca de 8% das vezes em que eu ia fazer ginástica. Eu queria saber, sem perguntar-lhe, pois isso me parecia indelicado, quantas vezes por semana ele treinava. Por comodidade chamemos de X a esse número. Então, resumindo: eu vou duas vezes por semana, Renzo vai X vezes por semana e nos encontramos 8 vezes a cada 100 vezes. Seria possível calcular X? Sim, é possível nos baseamos na hipótese que todos vão na academia na mesma faixa horária.

Consideremos outro exemplo simples para entender qual seja o método. Lanço um dado e, se o dado não foi manipulado, a probabilidade que saia 1 é de um sobre seis. Se lanço dois dados, qual é a probabilidade que saia 1 na face de cada dado? Antes de proceder ao cálculo, observa que os dois eventos, "queda do primeiro dado" e "queda do segundo dado" são *independentes*, isto é, o primeiro não influencia o segundo, nem o segundo influencia o primeiro. Em outras palavras, cada um dos dados, por assim dizer, cuida de seu próprio negócio. Sabemos que a probabilidade de que saia 1 é de um para seis para ambos os dados, então qual é a probabilidade que saia duas vezes 1?

O cálculo é fácil. Basta notar que existem 36 casos equiprováveis; eu vou relacionar todos para você: 1-1, 1-2, 1-3, 1-4, 1-5, 1-6; 2-1, 2-2, 2-3, 2-4, 2-5, 2-6; ...não, chega, estou entediado; e você já terá entendido, chega-se até 6-6. Desses 36 lances possíveis somente em um caso se obtém o resultado desejado, isto é 1-1. Antes tínhamos visto a definição de probabilidade como crença subjetiva e como frequência observada; há também um terceiro conceito de probabilidade importante, que, mesmo se é um pouco bagunçado, é muito útil na prática: a probabilidade como relação entre o número dos casos favoráveis e daqueles possíveis. Nesta situação os casos possíveis são 36, os bons, somente 1, logo, segundo essa definição, a probabilidade que saia duas vezes 1 é de 1/36. Em outras palavras, a probabilidade que se verifiquem dois eventos independentes é igual ao produto das duas probabilidades: de fato 1/6 por 1/6 é igual a 1/36.

Voltemos à academia de ginástica e ao caso do Renzo. Qual é a probabilidade que eu, ou Renzo estejamos fazendo ginástica juntos? 8 em 100, já o sabemos. Qual é a probabilidade que eu esteja lá? 2 em 7. E qual a que lá esteja Renzo? X em 7. Pois bem, então, usando o procedimento anterior, temos que 2/7 vezes X/7 deve dar 8/100. Esta é uma equação fácil, na qual X — a incógnita — representa o número médio de vezes que Renzo vai à academia de ginástica durante a semana. Experimente pôr no lugar de X o número 2 e, com efeito, as contas batem, uma vez que 2/7 x 2/7 = 4/49; e 4 em 49 é cerca de 8 em 100. Portanto Renzo, assim como eu, treina habitualmente 2 vezes por semana. Consegui compreender o problema sem ser indiscreto.

Depois eu me dei conta que encontro Ana em 8% das vezes. Logo, seguindo o mesmo procedimento, posso estabelecer que também ela tem um ritmo de treinamento bissemanal.

Quando Renzo estava, passava sempre um pouco de tempo com ele; quando Ana estava com certa frequência eu conversava um pouco com ela. Quando estavam os dois, eu falava um pouco com ele e um pouco com ela, mas quase nunca todos juntos, uma vez que eles se ignoravam reciprocamente; apenas uma saudação de cortesia quando se viam no início e depois bastava. Com o passar do tempo e me dei conta que encontro os dois juntos na academia com muita frequência. Fiquei desconfiado e iniciei nova estatística. Dou-me conta então que em 50% das vezes que vejo um, o outro também está. É estranho. Ana e Renzo não se conhecem, logo a sua vinda na academia deveria ser um par de eventos independentes. Ela está presente 2 vezes a cada 7; também ele treina 2 dias a cada 7, logo deveriam estar os dois 2/7 vezes 2/7; ou seja, o habitual 8% dos casos. Há uma boa diferença entre 8% e 50%! É claro que existe algo por trás: de algum modo Ana e Renzo se colocam de acordo antes de se encontrarem juntos na academia na mesma tarde. Em outras palavras não é verdade que quando eles vêm se exercitar isso seja um par de eventos independentes. Ou seja, não é verdade que não se conhecem. É, em vez disso provável que apenas façam de conta que se desconheçam e que haja entre eles um caso secreto!

Você me perguntará se eu não seria um pouco obsessivo ao ficar quebrando a cabeça com essas contas. De fato, você tem razão. Leve em conta, no entanto — não conte para sua mãe — que Ana era uma senhora encantadora e que eu estava com um pouco de inveja por ela estar apaixonada pelo Renzo!

O ponto importante dessa história engraçada é que com as probabilidades podemos descobrir os nexos causais. Eu dou outro exemplo a você, infelizmente muito famoso. Todo ano na Itália 1 pessoa em cada 2000 adoece com um tumor no pulmão. Experimentemos restringir a estatística aos fumantes de cigarros. A probabilidade aumenta de 10 vezes: 1 em cada 200 adoece. Logo, fumar cigarros sistematicamente e adoecer com um tumor no pulmão não são dois eventos independentes. O primeiro causa o segundo. Evidentemente nem todos os fumantes adoecem, mas a probabilidade de adoecer cresce com o aumento do número de cigarros que se fuma por dia.

Tome cuidado, porém; nem sempre uma correlação estatística, como aquelas que acabamos de examinar, esconde um nexo causal. Dou-lhe outro exemplo famoso, que lhe interessará, pois você está sempre muito atenta às questões das mulheres. E disso eu fico orgulhoso, pois você encara o argumento com inteligência e sem preconceitos. Notou-se que, em média, nos países mais ricos as mulheres são mais emancipadas. Muitos, então, deduziram disso que o aumento da riqueza média *causa* a emancipação feminina. Na realidade isso não é assim; existem regiões, como por exemplo o Kerala na Índia, em que encontramos pobreza e uma boa emancipação feminina. Naquela região, entretanto, desenvolveu-se uma notável escolarização. De fato, é verdade que os países mais ricos têm em média uma maior escolarização. De modo que é esta última a verdadeira causa da emancipação feminina, não a riqueza enquanto tal. Portanto convém estar sempre com o pé atrás com as correlações estatísticas sem uma clara explicação do mecanismo causal que as sustente.

Outra correlação espúria muito conhecida é aquela entre o aumento da média de vida na Europa nos últimos cem anos e a incidência das mortes por câncer. Desculpe-me, mas os filósofos encontram sempre exemplos tão macabros! É evidente que viver mais tempo não causa o câncer. Simplesmente após uma certa idade a probabilidade de contrair a doença aumenta. Quando se morria mais jovem por alguma infecção ou por mal nutrição ou por ausência de cuidados adequados "não se chegava tempo" para se adoecer com câncer. O aumento dessa doença terrível, portanto, está também ligado à nossa maior longevidade, mas não é *causado* pelo aumentar da vida média.

Todo este falar do câncer me entristece um pouco. A doença é uma condição de sofrimento, porém muitas vezes se diz justamente que convém encontrar as palavras para exprimir a própria dor. E no fundo conversar com você me dá também alívio.

Existe outro fenômeno de extremo interesse, no qual se há correlações probabilísticas sem evidentes nexos causais. Há alguns anos atrás estávamos no bosque procurando cogumelos. Que prazer quando conseguimos encontrar um cogumelo *porcino*! Depois de certo momento nos perdemos; não conseguíamos nos ouvir nem gritando bem alto. Então, nós dois voltamos ao ponto no bosque onde nós nos tínhamos visto pela última vez. Obviamente nós não tínhamos combinado isso, mas entre os comportamentos possíveis nós dois tínhamos seguido os mais lineares e simples. O mesmo acontece se você promete a duas pessoas um prêmio no caso em que ambas adivinharem, sem se consultarem, o mesmo número de 1 a 10. Se os seus comportamentos fossem todos casuais, qual deveria ser a probabilidade de elas acertem? Para calcular isso, devemos antes estabelecer qual seja a probabilidade que ambas escolham o número 1. São dois eventos independentes, logo 1/10 vezes 1/10, isto é 1/100. O mesmo vale para todos os números de 1 a 10, portanto devemos multiplicar 1/100 por 10, obtendo 1/10. Na realidade, se realizássemos realmente o experimento, a probabilidade que ambos escolham o mesmo número *é mais alta, já que a maioria, na esperança que também o outro* faça a mesma escolha, optaria pelos números que se destacam entre os demais, isto é, o 1 ou o 10. E isso acontece sem que haja algum nexo causal entre os dois jogadores.

Essa tendência humana rumo aos comportamentos facilmente identificáveis é muito importante na resolução dos conflitos. Quando se deve mediar interesses contrapostos, é mais fácil compreender. Uma tarde discutíamos se devíamos escolher um filme de ficção ou um faroeste. Então eu propus que aquela tarde assistíssemos um faroeste e na tarde seguinte uma ficção. Muito complicado. Ao final optamos por assistir

The Beast of Hollow Mountain, um filme em que há tanto cowboys quanto dinossauros!

Mudemos de assunto. Estou certo de que antes que você encontrasse Stefano, pensava consigo mesma que teria desejado um namorado simpático e rico. Simpático antes de tudo. Digamos que entre os possíveis pretendentes 1 a cada 5 é simpático. Em vez disso, 1 a cada 10 é rico. Qual a probabilidade de que um pretendente certamente simpático seja também rico? Você sabe que os rapazes ricos são, em média, um pouco mais desagradáveis do que os menos abastados, porque são um pouco demasiadamente seguros de si. Digamos que somente um rapaz a cada dez ricos é simpático. Você é muito bonita, logo tem pelo menos 100 pretendentes. Um quinto deles, isto é, 20, são simpáticos, um décimo, isto é 10, são ricos. Quantos dos 20 simpáticos é também rico? Infelizmente apenas 1! Para calcular essa probabilidade convém dividir o número dos casos favoráveis por aquele dos casos possíveis. Os casos possíveis, já sabemos, são os 20 simpáticos. Mas quantos são os casos favoráveis? Deve ser rico e simpático. 1 a cada 10 é rico. E dos ricos, 1 a cada 10 é simpático. Logo somente 1 a cada 10 vezes 10 igual a 100 é rico e simpático. Em suma, se é simpático há somente 1 possibilidade em 20 que seja também rico. Não são muitas possibilidades! Esta é aquela que se chamaria de "probabilidade condicionada", ou a probabilidade que o seu pretendente seja rico na condição que seja simpático. Em suma, se, após ter conversado um pouco com seu pretendente, descobre que é simpático, é pouco provável que seja também rico!

Eu lhe faço outra pergunta. Você prefere 10 euros líquidos e certos, ou prefere que lancemos uma moeda e, se sair cara, eu lhe dou 30 euros? Depende do seu caráter. Conhecendo-lhe, penso que você optaria pelos 10 euros líquidos e certos. Todavia, se olharmos para o que seria conveniente, você deveria escolher lançar a moeda, porque você tem 50% de possibilidade de ganhar 30 Euros. E 50% de 30 é 15, que é maior que 10! Certo, não lhe estou dando 15 euros; eu lhe dou 30 se você acerta e 0 se você erra. É um pouco como o famoso "frango estatístico". Se eu como dois frangos e você nenhum, em média teremos comido um frango cada um!

Hoje você aprendeu um pouco de raciocínios probabilísticos. Continue a estudá-los, meu amor, porque são importantes. É com a probabilidade que aprendemos muitas coisas de medicina e de política. Como já lhe repeti muitas vezes, não estamos nunca certos de nada. Mas isso não quer dizer que não sabemos nada. Significa somente que por força das circunstâncias as nossas avaliações devem sempre ser probabilísticas. Lembro-me de um amigo da adolescência que me chamava "o homem das probabilidades", porque sobre qualquer coisa razoável eu usava a estatística.

Agora descanso e amanhã falaremos ainda de probabilidade, mas de um ponto de vista um pouco diferente.

Capítulo XVII

CONHECE-TE A TI MESMA. AS ILUSÕES

Minha querida, infelizmente, como você sabe, sou um pouco zarolho. Mas quando eu era jovem, como acontece com todos os meninos, eu gostava de jogar bola. Fosse tênis, pingue-pongue, futebol ou vôlei. Eu tentava, e tentava de novo, mas com resultados bem pequenos. Entretanto, eu me lembro bem que toda vez que eu começava uma partida, estava convencido que me sairia melhor. E quando perdia eu dizia, quase sempre em voz alta, "($%*&), joguei mal!". Não posso dizer qual era palavra que estaria entre os parênteses! O ponto que me interessa, porém, é a expressão "joguei mal". Não me passava pela cabeça dizer "não consigo", como teria sido muito mais razoável. Em outras palavras, eu não era capaz de avaliar-me a mim mesmo em vista do que eu efetivamente era capaz de fazer, isto é, muito pouco. De fato, a expressão "joguei mal" parecia pressupor que se eu tivesse jogado bene teria conseguido vencer. O problema é que eu não conseguia aceitar que não teria como jogar bem.

Quando menino, eu li a esplendida história do *Prometeu acorrentado* escrita por Ésquilo. O pobre titã Prometeu tinha roubado o fogo dos deuses para dá-lo aos homens, que até então viviam na escuridão e no frio. Zeus, então, enfureceu-se o acorrentou sobre uma rocha; e não só: a cada dia uma águia vinha para lhe comer o fígado, que depois se regenerava. Um suplício atroz. Veio ter com ele Oceano, um titã mais velho, que lhe aconselhou a "conhecer-se a si mesmo", isto é dar-se conta dos seus limites, ou seja, a não desafiar Zeus, que era muito mais forte do que ele. Mas Prometeu, cabeça-dura, não lhe deu ouvidos.

Do mesmo modo como Oceano fez com Prometeu, meu pai fez comigo. De fato, ele me escreveu, e depois leu, uma carta em que me explicava que em virtude da minha vista fraca, eu começava na vida com uma notável desvantagem em relação aos outros. Penso que ele escreveu aquele arrazoado e o leu porque era muito delicado e não se sentia seguro que conseguiria me explicar a coisa de forma improvisada. Não sei se foi uma boa ideia. Por vezes, de fato, é melhor deixar as pessoas na ilusão, ou mesmo esperar que elas cheguem sozinhas por meio de experiências e erros à verdade. Às vezes certamente convém se deter para avaliar os próprios resultados para se dar conta daquilo que podemos fazer e daquilo que não conseguiremos nunca fazer. Como em todas as coisas, convém um pouco de equilíbrio.

Muitos de nós alimentam a si mesmos, como Prometeu, com a ilusão de poder superar os próprios limites. Esse ofuscamento em pequenas doses pode ser um bom remédio, mas se excedemos na medicação, assim como com qualquer remédio, se torna um perigoso veneno.

Você ainda não aprendeu a dirigir. Por essa razão sai frequentemente de carro com um amigo ou conhecido que dirige. Experimente fazer uma estatística. Pede a todos aqueles que você encontre que se avaliem a si mesmos como motoristas. Descobrirá que quase todos estão convencidos que sabem dirigir melhor que a média! O que é evidentemente impossível.

Nós temos um acesso à realidade limitado e distorcido. Como você já sabe, não somos capazes de perceber uma enorme quantidade de coisas, como elétrons, ultrassons etc. Mas o nosso defeito não termina aqui. Talvez Pirro, ou alguém por ele, tenha notado que a mesma maçã parece diferente aos diferentes sentidos, razão pela qual o que percebemos não depende tanto de como é feita a realidade, quanto de como somos feitos nós. Se aquele antigo filósofo tinha razão, então tudo que percebemos seria uma ilusão. E a realidade seria para nós de todo inacessível.

Ocorre-me dizer assim: em um certo sentido o cético está na verdade, mas algumas percepções são menos ilusórias do que outras. Ou seja, dizendo de forma inversa: algumas percepções são mais verídicas do que outras.

Eu lhe contarei uma história para ilustrar o meu ponto de vista. Eu estava dando banho em você, creio que você devia ter dois anos. A banheira estava cheia de brinquedos. Dei-me conta de que você tinha pego um longo peixe de plástico. Você o mergulhava na água pela metade e ficava olhando encantada. Depois o retirava e ria feliz. Não estou seguro, mas talvez você tivesse percebido que o peixe submerso parcialmente na água *parecia* dobrado, enquanto de fato *estava* ainda reto. À distância de tantos anos você estará de acordo que a imagem do peixe dobrado é *mais* ilusória do que aquela do peixe reto. Mesmo se talvez também essa última percepção é em parte uma ilusão.

Mas a nossa escassa capacidade de compreender como é feito o mundo não se limita ao que é exterior. Diz respeito ainda mais à nossa mente. É por isso que Oceano apostrofava inutilmente Prometeu pedindo-lhe para que ele "conhecesse a si mesmo".

O *Homo sapiens* é um animal colaborativo. Exatamente por isso, quando um grupo de pessoas sustenta com grande segurança uma tese evidentemente equivocada, mesmo se nos damos conta de que é um erro, naquele momento seguimos a maioria. É mais forte que nós; sentimos um impulso a dar o assentimento à opinião equivocada sustentada por quase todos. Entretanto, se sabemos que temos essa inclinação, podemos fazer a tentativa de resistência, ou então podemos tentar "pensar com a nossa própria cabeça". Considere que com frequência uma grande quantidade de pessoas ligadas entre si abraça a mesma opinião equivocada não voluntariamente, mas porque bebe nas mesmas fontes de informação não confiáveis. As calúnias, por exemplo, se impõem rapidamente. Infelizmente você já deve ter se dado conta disso.

E não só, o *Homo sapiens* é também um animal que ouve muito a hierarquia, como os seus primos chimpanzés. Se alguém, a quem atribuímos autoridade por algum motivo, nos pede de agir de modo claramente contrário às nossas intuições morais, no mais das vezes nos deixamos conduzir sem muito pensar. Se assim não fosse, como pode ser que tantas pessoas colaboraram na Alemanha ao projeto louco e criminoso de exterminar os judeus? Nem todos eram maníacos sádicos. Com toda probabilidade muitos simplesmente obedeciam à autoridade constituída, embora se alguém lhes tivesse pedido para que pensassem teriam se dado conta da absurdidade daquele genocídio. A menos que no dia seguinte esquecessem isso e recomeçassem com os massacres.

E quantas generalizações indevidas fazemos? Talvez você encontre um rapaz magrebino que porventura lhe importuna e você talvez logo pense que *todos* os rapazes magrebinos são perigosos malfeitores. Mesmo se acontecesse de que todas as pessoas que tentaram fazer mal a você fossem magrebinas, não poderia deduzir daí que todos os magrebinos são malfeitores. De fato, há muitos raciocínios que parecem corretos e em vez disso são equivocados. E nós caímos vítimas daquelas que os filósofos chamam "falácias".

Um outro exemplo de falácia. Em média os pigmeus são menores que os watusi. Isto, porém, não quer dizer que *todos* os pigmeus sejam menores que todos os watusi. De fato, pode haver um pigmeu mais alto que a média e um watusi mais baixo que a média. Isso parece fácil. Porém a confusão entre distributivo e coletivo, aqui presente, pode ser muito mais sutil. "Os A são em mais altos que os B" se aplica aos watusi e aos pigmeus tomados coletivamente e não individualmente. Isso é evidente. Entretanto, considere este raciocínio: há uma carteira na rua cheia de dinheiro e, então, você pensa: se eu não roubo esse dinheiro, talvez aquela pessoa do bar aqui perto a quem pedirei que guarde a carteira esperando que seu dono a procure roube o dinheiro, razão pela qual tanto faz... Na realidade, o valor da sua ação de não roubar a carteira não diz tanto respeito àquela carteira em particular, mas em geral ao roubar o dinheiro de uma carteira. E, se você não rouba, seguramente o número total de furtos diminuiu. Depois, de fato, é possível que alguma outra pessoa o pegue, mas isso diz respeito ao particular, não ao todo. Comete-se o mesmo erro quando se raciocina assim: mais cedo ou mais tarde devo trocar de celular; o meu já está bastante velho, tanto faz que o compre agora, assim desfruto por mais tempo do novo. Na realidade assim você também gasta mais, porque *globalmente* você troca o celular com maior frequência.

Eu tinha por volta de 20 anos e andava pela rua de bicicleta. Era um dia bonito de sol. De repente me veio em mente que aquela noite tinha sonhado com o casamento da Silvia, uma amiga ainda solteira. Viro na esquina e encontro justamente Silvia. Que coincidência engraçada. Eu lhe conto o sonho e ela ri divertidamente. É possível que o sonho me tivesse vindo em mente porque, embora eu não o soubesse ainda, Silvia estava na vizinhança e me transmitia telepaticamente ondas desconhecidas? Pouco provável. Quantas vezes eu pensei em alguém com que tinha sonhado e depois o encontrei? Nós, infelizmente, quando nos apaixonamos por uma tese, como essa das misteriosas correspondências, em vez de tentar provar que ela é *falsa*, tendemos com todas as nossas forças a encontrar o que a possa *confirmar*. Também essa é uma nossa inclinação que nos leva muitas vezes a cometer erros grosseiros, isto é, a dar o assentimento a opiniões completamente erradas, sem tê-las verificado seriamente.

E o nosso medo dos extremos, com o qual os donos de restaurante astutos muitas vezes nos enganam? Abro o cardápio dos vinhos no restaurante e encontro um vinho Sangiovese de 10 euros e outro de 15 euros. Penso comigo mesmo: aquele de 10 vai bem. Se o proprietário do restaurante tivesse acrescentado um terceiro tipo de Sangiovese do tipo reserva por 30 euros, provavelmente eu teria escolhido aquele de 15, porque apresentaria um preço intermediário. Talvez o dono do restaurante, sabedor que ninguém pedirá a versão reserva, poderia nem mesmo tê-la na adega!

E a âncora? Quantas vezes lhe terá acontecido de perder uma boa oportunidade porque naquele dia você já tinha gasto o suficiente? Ou mesmo um professor, que não avalia com a nota máxima um estudante que o mereceria só porque naquela manhã ele já tinha dado "muitas" notas altas? Todos nós temos na cabeça algo como padrões, dos quais temos dificuldade em nos distanciarmos, mesmo se por vezes isso valesse a pena.

E muitas vezes somos enganados pelas palavras. Prefere-se um remédio que salva dois terços dos pacientes, ou então um tratamento que deixa morrer 200 pacientes de um total de 600? Se você pensa, você se dá conta que se trata de dois tratamentos idênticos; e, no entanto, muitos preferem o primeiro, só porque fala de vidas salvas em lugar de mortes certas!

Uma vez eu estava pedindo carona, porque tinha perdido todos os transportes públicos. Após uma hora que esperava e ninguém me tinha parado para mim, pensei comigo: "Não desanime, desta vez você conseguirá. Verá que aquele carro vai parar e irá levá-lo. Já faz tanto tempo que espero!" Infelizmente o meu raciocínio estava errado, porque o motorista daquele carro *não sabia* que eu estava esperando já há uma hora, e continuou sem parar pelo seu caminho. O mesmo erro comete o apostador que insiste no 36 porque há 30 semanas que esse número não sai. Sua probabilidade de ser sorteado não é de modo algum maior, dado que a roleta do cassino não tem *lembrança* dos resultados anteriores. Essa ilusão é tão tenaz talvez porque apliquemos um raciocínio simples no contexto errado. Você sabe que eu perco sempre a lente de aumento que uso para ler? Então eu a procuro: primeiramente em cima da mesa, depois em cima da cama, depois na mesa de cabeceira etc. É claro que se estou certo de que ela esteja em casa, a cada vez que excluo um lugar possível, a probabilidade de encontrá-la no próximo aumenta. Mas essa situação é diferente em relação aos exemplos anteriores, uma vez que aqui existe a memória: continuando com a busca excluo possibilidades. Ao contrário, no caso da carona ou da loteria a cada vez se começa do zero.

E a retrospectiva? Eu me lembro que uma vez você me perguntou se era melhor que você fosse à escola e enfrentasse o risco de ser arguida em alemão sem estar preparada, ou ficar em casa continuando a estudar. Eu lhe respondi que, como você já tinha sido arguida duas semanas antes, era melhor que você fosse. Você voltou para casa aos prantos com uma nota quatro em alemão, dizendo-me que eu lhe tinha dado o conselho errado. Em realidade, você estava sendo enganada pela ilusão da retrospectiva. Antes de ir, com efeito, a probabilidade que você viesse a ser arguida era baixa. Porém, probabilidade baixa não significa ausência de probabilidade. E infelizmente a coisa correu mal. Mas o conselho era justo, porque ele não deve ser avaliado em virtude de seu resultado, mas com base nos conhecimentos que tínhamos antes que você fosse à escola.

Em resumo, os nossos modos de raciocinar espontâneos muitas vezes nos levam a cometer erros catastróficos. Não precisamos confiar excessivamente em nós mesmos, pelo menos quando queremos ser racionais.

A maior ilusão de todas é aquela que nos leva a acreditar que seja verdadeiro aquilo que gostaríamos que fosse verdadeiro, mesmo se não dispomos de bons motivos para considerá-lo como tal.

Hoje me sinto realmente bem e me convenci de que serei curado. Decidi que não tenho vontade de ser racional. Eu me diverti ao lhe escrever esta carta e eu realmente gosto de me enganar. De vez em quando um pouco de ilusão faz bem.

Capítulo XVIII
NÃO DADOS, MAS RESULTADOS. A HISTÓRIA

Minha querida, cada dia que passa aumenta o nosso passado e se aproxima o nosso futuro. Nós damos muita importância ao tempo. Ao calendário, ao relógio. Tudo isso serve para organizar a nossa vida, os compromissos, o trabalho. Talvez muito mais importante que o tempo organizado seja a sucessão dos acontecimentos. Primeiro você nasceu, depois parou de mamar, depois começou a caminhar — muito tarde na verdade — e um pouco mais adiante começou a falar. Essas relações de "antes e depois" são significativas e nos consentem de organizar a nossa vida, a dos outros e, também, a história de povos inteiros.

Se nos encontrássemos no nível microscópico, onde as partículas viajam em velocidade próxima àquela de luz, tudo seria mais complicado, porque; como descobriu Einstein, aquilo que resulta *antes* em uma mensuração realizada por um sistema de referência "S" pode estar *depois* em uma mensuração feita por um sistema de referência em movimento com respeito a "S". O mesmo acontece com os grandes campos gravitacionais que são detectados no nível astrofísico. Mas entre nós, aqui sobre a terra, é possível construir uma ordem temporal. Como exemplo, enquanto os Atenienses condenavam Sócrates em 399 a.C., Buda já tinha fundado a sua religião na Índia e Lao Zi já tinha escrito o seu esplêndido *Tao te ching*, obra fundamental da filosofia chinesa. Os judeus já tinham redigido uma boa parte do Antigo Testamento e os Romanos construído os primeiros aquedutos.

Um dia, eu estava passeando no andar térreo do Palácio Ducal de Urbino, onde Federico de Montefeltro, com o dinheiro ganho como general mercenário, reuniu no século XV uma biblioteca extraordinária de códices antigos. Agora aqueles cômodos estão vazios e os preciosos manuscritos se encontram em Roma na biblioteca Vaticana. Federico certamente não era capaz de ler aquelas preciosas folhas. Mas nessa mesma Urbino, cerca de 100 anos depois, Federico Commandino traduziu Arquimedes do grego antigo em latim, explicando aos seus contemporâneos o pensamento do grande matemático e físico grego que viveu em Siracusa no século III a.C. A impressão para os cientistas do final do século XVI e primeira metade do século XVII foi enorme. Talvez você saiba que hoje as suas maiores teorias físicas, isto é, a mecânica quântica e a teoria da relatividade são em parte inconciliáveis. E as melhores cabeças dos nossos dias estão tentando colocá-las juntas. Imagine que um fulano descubra em uma biblioteca um livro escrito quase 2000 anos atrás que contenha a solução para esse difícil problema. Pois bem, a tradução de Arquimedes feita por Federico Commandino teve um pouco esse efeito. Na verdade esse foi o ponto de partida de Galileu, que iniciou a ciência moderna da qual nas cartas precedentes falamos tanto.

Veja, esta é a história. Você passeia por uma cidade, por um palácio, por uma estrada rural, e encontra os traços daquilo que naquele lugar tinha acontecido antes. Por vezes, acontecimentos de imenso alcance, como aqueles que lhe contei sobre a biblioteca de Federico de Montefeltro em Urbino, outras vezes também pequenos episódios, que testemunham um modo diferente de viver no passado. Por exemplo as estreitas ruas do centro de Fossombrone nos lembram que em outro tempo não existiam os automóveis, mas os deslocamentos eram feitos apenas a pé ou a cavalo. Imagine como eram longas as distâncias. Era preciso dias para chegar a Roma. Em vez disso, hoje podemos chegar lá em poucas horas.

As nossas colinas agora estão sem árvores, porque os antigos romanos cortaram quase todas elas para construir novas estradas e navios. E depois que elas rebrotaram, fomos nós, os europeus, que as eliminamos de novo, para ampliar as áreas cultiváveis. É muito difícil, de fato, encontrar florestas na nossa região dos Apeninos abaixo dos 800-900 metros, a menos que seja castanheiras. Aí sim, elas ainda existem altas e fortes, porque ofereciam o que comer às pessoas que viviam naquelas colinas. E agora, porém, essas mesmas árvores, que eram preciosas e mantidas organizadas como em um jardim até algumas décadas atrás, estão em geral abandonadas no emaranhado de vegetação rasteira e galhos que caíram devido à neve e aos raios. As pessoas daqueles lugares, as poucas que de fato permaneceram depois da emigração para as cidades após a Segunda Guerra, não se alimentam mais de castanhas. E as poucas castanhas que se comem, em vez de serem colhidas, são compradas no comércio.

A história é a reconstrução das ações dos homens no passado. O passado é uma realidade para nós quase inacessível que, entretanto, deixou indícios nos documentos escritos; mas não somente neles, também nas obras de arte, nas construções e na paisagem. Os historiadores são cientistas um pouco particulares, uma vez que não estão interessados tanto em descobrir as leis que governam o mundo ao nosso redor, quanto a reconstruir eventos singulares. Por exemplo, para o físico é importante compreender a lei que governa a queda dos corpos pesados, enquanto para o historiador é significativo saber se César passou ou não por determinado lugar.

Por vezes se diz que o historiador não somente quer comprovar o que aconteceu em um determinado lugar e tempo, mas deseja também conhecer as causas daquele acontecimento. As causas são aqueles eventos anteriores àquele que nos interessa, pois na ausência destes, esse último não teria acontecido. Por exemplo, se Hitler não tivesse sido derrotado em Stalingrado pelo Exército Vermelho no inverno de 1942-1943, provavelmente a Segunda Guerra mundial teria se desenrolado de um modo diferente. A Alemanha talvez até tivesse vencido! Todavia estabelecer qual seja a *verdadeira* causa de um evento histórico é muito difícil, pois todo acontecimento possui *tantas* causas entendidas no sentido que acabei de indicar, isto é, como condições necessárias. O historiador pode nos ajudar a compreender quais são as mais importantes e quais são menos.

Desconfie sempre quando alguém afirma com segurança que *a* causa de certo evento é precisamente esta ou aquela. Ouve-se dizer, por exemplo, que a causa do atentado do 11 de setembro 2001 às Torres Gêmeas em New York foi o Pentágono. De fato as causas do voo suicida que destruiu os dois edifícios no coração dos EUA são muitas. Entre elas pode estar também certo descuido dos serviços secretos americanos. Ou então, o ódio de certos grupos do Islam com relação à política dos Estados Unidos de apoio a Israel. Isso não quer dizer que não haja muitas outras causas para além dessas: o projeto de poder de Bin Laden e dos grupos que o financiavam; o ódio contra o Ocidente; a guerra de religião contra os presumíveis infiéis cristãos, etc.

Talvez ainda mais interessante seja reconstruir a vivência dos protagonistas da história. O que pensava Federico enquanto gastava seu dinheiro para comprar os preciosos códices que ele não sabia ler? Provavelmente ele se sentia em competição com outras famílias nobres do seu tempo, que estavam também elas construindo uma biblioteca, como, por exemplo, os Malatesta em Cesena. E como é que para Federico não era moralmente repugnante combater apenas por dinheiro e não por uma causa justa? Ainda hoje nós admiramos os 500.000 russos que perderam a vida na batalha de Stalingrado por amor à Pátria e por ódio ao nazismo, e não por dinheiro. O mundo do século XV era diferente, era um mundo em que não existiam os estados nacionais que nós conhecemos e nenhum soldado teria sonhado combater por uma justa causa. Os soldados (o termo vem precisamente de "soldo", salário) eram pobres que não encontravam outro trabalho senão aquele de combater por um nobre rico com desejos de expansão territorial. E Federico, inteligente, corajoso, colocava suas competências militares a serviço de quem o pagasse melhor e com o dinheiro que ganhava construía a esplêndida Urbino, que ainda hoje se pode visitar, inclusive a biblioteca, cujos livros agora, porém, se encontram em Roma.

A história, portanto, é uma ciência, como todas as outras que vimos, cujos dados observados são as fontes, os documentos escritos, os edifícios, os quadros. Ela é também uma ciência que quer reconstruir uma realidade difícil e em parte escondida, isto é, o nosso passado.

Você me perguntará: "por que nos interessa conhecer o passado? Federico de Montefeltro morreu, não existe mais; que importância tem isso para nós?". A resposta é muito simples, ainda que frequentemente você encontre outras respostas, que não me convencem, como, por exemplo, o passado é importante por si mesmo, logo devemos conhecê-lo. Certamente existem pessoas que se divertem em redescobrir o passado, mas, você me perguntará: "por que nós cidadãos devemos pagar com as nossas taxas o *hobby* deles, mesmo que este seja nobre?". "Se não me interessa nada do passado, mas, como é razoável e natural, estou voltada na direção do presente e do futuro, por que eu deveria financiar as pesquisas sobre o passado?". Talvez, também, porque estudar história nos ajuda a compreender que tudo aquilo que nos rodeia não está *dado* assim como é, mas é, ao invés, o *resultado* da ação dos seres humanos. De fato os nossos antepassados contribuíram para modelar o mundo assim como nós o encontramos por ocasião de nosso nascimento. E assim, estudando história, aprendemos que também nós podemos, ao menos em pequena parte, intervir no futuro que nos espera. E não só: a história nos ensina as consequências das ações dos homens e como se desenvolvem os processos de mudança. Por isso, quando pensamos no nosso futuro, temos já um patrimônio de conhecimentos, que nos ajuda a formular projetos razoáveis e podemos ter uma ideia dos tempos e dos modos em que talvez se realizarão.

Os antigos judeus introduziram um conceito de História, com "H" maiúsculo, que era desconhecido pelos gregos e que foi retomado pelos cristãos. Devemos discuti-lo. De fato, se não for adequadamente desmistificado, ele pode levar a uma visão distorcida da realidade, que eu também abracei por muito tempo. Pelo Antigo Testamento o homem tem uma História dotada de um sentido geral que é guiado pela mão de Deus: inicia com a Criação e termina com a chegada do Messias. Posteriormente, os cristãos identificarão a chegada do Messias com Jesus e o fim da história com o Juízo final, o dia em que os bons e os maus serão julgados. Difícil acreditar ingenuamente em um projeto Divino tão linear. Entretanto, no século XVIII outra ideia se impôs, em certos aspectos similar, isto é, a do "progresso". Ainda que Deus não guie a história da humanidade, existe uma espécie de necessidade intrínseca nos acontecimentos do mundo que levaria o ser humano rumo a uma situação cada vez melhor.

Também o comunismo se baseia muitas vezes nessa convicção. Essa é uma visão muito comum também hoje, presente em expressões coloquiais como "aquele fulano está muito à frente", para dizer que entendeu mais do que os outros. Implícita nesta afirmação está de fato a suposição de que o que vem a seguir será melhor do que vem antes, razão pela qual fulano estaria à frente no sentido de já ter ido além, isto é, já teria compreendido o futuro. Mesmo quando dizemos "Mas como é possível que no ano 2000 aconteçam coisas desse gênero (racismo, vinganças violentas etc.)?", pressupomos que os anos 2000, isto é, a nossa época, sejam moralmente superiores às épocas precedentes e que, logo, coisas ruins quase não deveriam acontecer mais.

É claro que todo esse modo de raciocinar é mitológico. Nós não temos nenhuma prova de que o que vem depois seja melhor do que vem antes. E alguma das coisas piores da história do homem, como os genocídios, aconteceram exatamente neste século. Em outras palavras, não há nenhuma garantia de progresso, nem alguma seta de direção clara da história. Os eventos humanos são contingentes e mutáveis. Porém, e isto é muito importante, eles dependem sempre, ao menos em parte, de nós. Epicuro dizia justamente: "Lembre-se que o futuro não é nem nosso, nem totalmente não-nosso; para que não o esperemos tão seguramente como se fosse acontecer, e não desesperemos como se certamente não pudesse acontecer".

Algumas pessoas estão a tal ponto convencidas de que o mundo vai na direção justa que por essa razão elas tomam partido contra a escolha do *menos pior*. O que é o *menos pior*? Vamos dar um exemplo. Você foi raptada por bandidos e eles a libertam dois meses depois, mas só se você estudar pelo menos 8 horas por dia geografia, a matéria que você mais detesta. Você pode também tentar escapar. Mas as chances de sucesso são de apenas 50% e se te surpreenderem eles vão te obrigar a estudar geografia por um ano. Façamos o cálculo: 50% de 12 meses são 6 meses. Logo, entre as duas possibilidades a menos pior é estudar 2 meses calada e sem reclamar. Entretanto, aqueles que estão convictos de que o mundo caminha rumo ao melhor diriam que se você não se arrisca, desencadeia uma sequência ruim, ao passo que se você tenta, e escolhe o pior, se encaminha na direção da liberdade e do progresso. Eles me parecem um pouco loucos. E você, o que diz disso?

Veja, o "menos pior" é a mesma coisa que o "melhor", só que se chama assim porque se encontra em uma situação na qual nenhuma alternativa é "boa". Ou seja, o melhor não é necessariamente bom, mesmo que as outras alternativas sejam ainda piores. Você se lembra daquela vez em que seu primo Gabriel disse ao seu tio que dirigia o carro no trânsito: "Papai, vai o mais rápido que você puder!". E o tio impaciente lhe respondeu: "Ô, Gabriel, é impossível ir rápido; você não está vendo o trânsito parado!". E o Gabriel — que tinha somente quatro anos: "Mas, papai, eu não disse para ir rápido, mas para ir o mais rápido que você puder!" Gabriel já tinha entendido que a velocidade máxima possível não quer dizer que seja "rápido".

Para ser honesto, existe um modo racional de aceitar a crítica ao "menos pior". Chegamos a uma encruzilhada, o tempo está muito bom, à direita o caminho é longo, mas seguro, à esquerda é curto, mas mais difícil. Diante dessa incerteza, poderemos aplica o chamado princípio do máximo-mínimo, isto é escolher aquela via que maximiza o resultado mínimo, isto é evitar o caminho breve e difícil, que poderia se tornar ainda mais longo que a estrada comprida e fácil. Ou então, poderemos aplicar o princípio do máximo-máximo, isto é optar por aquela alternativa que tem o melhor resultado, isto é, encarando o caminho breve superando a dificuldade. O tempo está esplêndido, logo podemos decidir pelo máximo-máximo e nos encaminhamos para a esquerda. Se optamos pelo máximo-mínimo, então preferimos o menor pior, se, ao invés, usamos o máximo-máximo, nós o rejeitamos.

Existe, porém, um sentido da história reconstruído *a posteriori* de uma série de acontecimentos que é muito importante.

Dou um exemplo. Quando Federico instituiu a sua biblioteca em Urbino, ninguém podia prever que aqueles códices terminariam em Roma. Contudo, um visitante dos dias de hoje da Biblioteca vaticana, notando que alguns manuscritos tem a assinatura "Urb-gr", pode reconstruir que aqueles livros gregos estiveram em Urbino no século XVI e, provavelmente, antes ainda em Constantinopla. Ou seja, a história não é uma seta indicativa que nos leva do passado ao futuro, mas um olhar sobre o passado que nos ajuda a compreender como chegamos até aqui.

Desse modo, pode-se refletir também sobre o futuro; estudando o passado foram expostas também as injustiças que nos trouxeram até aqui — pense nos escravos no mundo antigo, nos servos da gleba da Idade Média, ao tratamento dado aos escravos africanos, aos camponeses sob o *ancien régime*, aos operários da primeira revolução industrial, aos soldados massacrados inutilmente durante a Primeira Guerra mundial e aos civis mortos pelos bombardeamentos durante a Segunda. Nós não temos uma solução global para as injustiças que a história nos conta, mas sabemos que não queremos que essas coisas aconteçam mais no futuro. O sentido da história é portanto como um anjo que voa com asas abertas rumo a um futuro desconhecido, olhando, porém, para o passado do qual desejaria evitar o mal e desenvolver o bem.

Minha amada, você estuda história e, consequentemente, escrevi esta carta com particular emoção. A história, junto à física, é uma das ciências mais belas e mais formativas. Conhecê-la nos faz crescer, entender melhor a nós mesmos e imaginar com maior amplitude o nosso futuro. Estou feliz por você ter escolhido esta disciplina, porque, mesmo que na vida não exerça a profissão de historiadora, mas outra profissão, ela certamente lhe terá dado uma visão rica e profunda do ser humano e das suas ações.

Capítulo XIX
OCUPAM MUITO ESPAÇO E SÃO INÚTEIS. A ARTE

Minha querida, eu tinha dezoito anos quando encontre por acaso um famoso conto de Frans Kafka, *A metamorfose*. Nele se narra que Gregor, acordou uma manhã e descobriu que tinha se transformado em um inseto enorme. As páginas se sucedem cheias de incríveis particulares surreais da nova vida do protagonista. A família inteira, menos a irmã, o despreza, mesmo porque Gregor, que era fonte principal de sustento se torna causa de nojo e descrédito. Ele se dá conta disso e aos poucos se abandona à morte. Os seus pais e a irmã retomarão assim uma vida familiar relativamente serena, sem o familiar incômodo e triste. Lendo aquelas páginas tive uma sensação intensa de prazer, que nunca antes tinha experimentado por uma narrativa. Só muito tempo depois eu compreendi o porquê. Kafka tinha conferido palavras às minhas sensações de mal-estar, ao fato que me sentia estranho e incompreendido. Muitos naquela idade — talvez também você — experimentam esta emoção peculiar de ser um incômodo, difamado e inútil. Kafka com aquela história bizarra conseguiu dar voz àquele doloroso sentimento, transformando-o em algo de belo e compreensível.

Aí está, minha filha, porque é tão importante ler literatura durante a adolescência. E nisso você foi sempre diligente e empenhada. Os grandes romances, contos e poesias ensinam a nos contarmos e a nos compreendermos. Por sorte entre os nossos sentimentos não existem aqueles deprimentes de Kafka, mas também a paixão, o ciúme, o orgulho, o sentimento de culpa, a loucura, a alegria e assim por diante. Cada um tem os seus escritores preferidos, que ajudam a compreender a si mesmo e os outros.

A literatura é, portanto, uma verdadeira e própria catarse, isto é uma purificação das nossas emoções mais profundas. Obviamente não é somente isso.

Além disso, hoje, com a cultura difundida extensivamente, todos somos um pouco autores. E isso produz também outro tipo de catarse: os grandes escritores não somente nos ajudam a compreender a nós mesmos, mas eles nos impelem a nos contarmos com palavras semelhantes às suas. Assim, não só compreendemos melhor as nossas emoções, mas até conseguimos até mesmo a torná-las objetivas, quase a tomar distância delas e a transformá-las em algo a fruir e reviver.

Mas a arte não é só escritura também figuração, da pintura à escultura, do cinema aos videogames. Também na representação visual há algo que nos toca profundamente. A arte figurativa não ensina as palavras para nos dizermos à nós mesmos, mas vai tocar um "ponto" do nosso ânimo, no qual se liga e se expande na nossa mente.

Quando você era pequena, muito lhe impressionou a história de Herodes e do massacre dos inocentes, tanto que, quando visitávamos os museus, muitas vezes você procurava a representação dessa cena. Exatamente no momento do nascimento de Jesus, havia sido revelado ao rei da Palestina Herodes que tinha nascido em Belém um menino que se tornaria rei dos judeus em seu lugar. Por isso ele ordenou que fossem mortos todos os recém-nascidos de Belém. Eu me lembro que em Sena, você tinha sete anos, ficou extasiada diante da tela sobre este evento pintada por Matteo di Giovanni. Dentro de nós existem muitas emoções, algumas difíceis de tratar. E imagino que aquele quadro com aquelas pobres crianças, em vão atravessadas por espadas, atingiram sua imaginação. Em vez disso, uma das pinturas que toca um "ponto" em mim é a extraordinária *Ressurreição* do conterrâneo e quase contemporâneo de Matteo di Giovanni, Piero della Francesca. Você pode notar que eu acho difícil aceitar a morte, do momento que esse quadro esplêndido me impacta profundamente.

Também um videogame pode suscitar as nossas emoções. Alguns gostam de jogos de guerra e outros de jogos de velocidade, há ainda aqueles que gostam de jogos com elementos sociais. Aquele "ponto" conecta ainda uma imagem a uma emoção nossa e enriquece a nossa sensibilidade.

A música está, ao invés, ligada ao tempo. Ela é um som flui ao lado da nossa vida entrelaçando-se com o mundo interior. A música não tem palavras e nem imagens, mas entra do mesmo modo na mente e nos acompanha nas jornadas, seja naquelas enfadonhas, seja naquelas divertidas, tanto naquelas dolorosas quanta naquelas plenas de alegria.

Enfim o cinema, a primeira arte capaz de representar artificialmente o movimento, que potencializa enormemente a possibilidade técnica de iludir o espectador; a primeira que entrou na vida de todos, quando os videogames, a televisão e os smartphones não existiam ainda.

Em suma, todas as artes enriquecem nossa vida emocional. Porém, leve em consideração que, como muitas outras coisas, convém estudar também as obras de arte. Se uma criança de oito anos aprende a jogar um novo videogame e pratica, seguramente está vivendo também uma experiência artística. Pois então, se para ele é tão natural fruir da arte daquele modo, porque devemos obrigá-lo a escutar música barroca, a ler Dante e a contemplar as telas de Rembrandt? Certamente não para introduzi-lo em uma elite exclusiva que quer destacar-se da massa ignorante. Tampouco se pode dizer que o prazer experimentado diante dessas obras-primas seja muito mais intenso. Talvez esse prazer seja mais rico; mas de onde provém essa maior riqueza?

Antes de mais nada, é inútil "submeter" uma criança a estas obras-primas sem uma adequada preparação. Se o fizéssemos, o único efeito que obteríamos seria o tédio e a impaciência. Portanto convém um longo aprendizado para compreender Bach, Dante e Rembrandt. A questão então é: dado que a pobre criança está se divertindo ao jogar no computador e já está vivendo uma espécie de história artística, porque forçá-la ensinando-lhe a leitura da partitura, a língua de Dante e a linguagem visual dos pintores flamengos? Muitas vezes você ouviu respostas do tipo: "mas é óbvio, porque essas grandes obras são mais importantes que as mais recentes produções de videogame". E então eu me pergunto: "por que são mais importantes?". Para entender bem uma possível resposta a essa pergunta fundamental devo, porém, explicar a você algumas coisas um pouco enfadonhas e difíceis.

Já dissemos que na ciência nós conhecemos por meio de modelos justificados pela confirmação das suas consequências empíricas. Existe, porém, outro modo de conhecer, muito menos preciso, e justificado somente pela sua universalidade. Esse conhecimento se realiza justamente mediante as obras de arte. Para compreender de que modo, devemos compreender melhor o que é uma obra de arte.

Vamos dar um exemplo. Vejo a *Ressurreição* de Piero della Francesca. Antes de tudo se trata de um objeto físico que se encontra em um museu cívico de Sansepolcro. Mas certamente a obra de arte não é somente a sua materialidade física. Em segundo lugar, ver o quadro suscita em mim certos estados mentais, isto é, me faz viver certa experiência. Mas, de novo, essas vivências psicológicas são importantes sim, mas não exaurem a obra de arte, também um gorila vê o quadro, mas em geral não o vivencia como uma obra de arte.

Para compreender a força das obras de arte você deveria pensar localmente sobre uma capacidade tipicamente humana (talvez a possuam em pequena parte também os chimpanzés), isso é aquela de referir uma coisa a outra coisa. Vejamos do que se trata com um exemplo. Se vejo a imagem de um cachimbo me é muito claro que aquela imagem não é um cachimbo, mas *está para* um cachimbo. Isso é, sou capaz de distinguir entre a imagem e o objeto que ela representa. Essa nossa capacidade, que chamamos "semiótica", é, porém, ainda mais extraordinária do que isso. No fundo, não é difícil associar a imagem de um cachimbo a um cachimbo real, uma vez que se assemelham. Mas, mesmo assim, se vejo a palavra "CACHIMBO" que não tem nada em comum com um cachimbo real, vem em mente um cachimbo. Isso é incrível. Até hoje não temos uma explicação científica desta nossa incrível habilidade semiótica de usar os sinais.

Transportamos a nossa capacidade semiótica do cachimbo à *Ressurreição* de Piero. Quando eu vejo a tela, não somente está ali o objeto físico e as minhas vivências perceptivas, mas a obra de arte remete àquilo que se pode chamar o seu "significado artístico". Ou seja, eu não só vivo algo, como penso também em algo mais. Este meu entendimento de algo mais enquanto admiro a *Ressurreição* é precisamente o seu significado. Quando Piero pintou o quadro, não produziu somente um objeto físico, não quis apenas suscitar em mim certas sensações visuais, mas quis me comunicar também um determinado significado.

Voltemos ao exemplo do "cachimbo". Se eu não conhecesse a língua portuguesa ou não soubesse ler, eu não estaria à altura de compreender que a palavra escrita "CACHIMBO" quer dizer cachimbo. Em outras palavras, para compreender os significados é preciso conhecer uma linguagem. O mesmo vale para a *Ressurreição*. Apenas conhecendo, pelo menos um pouco da linguagem pictórica de Piero é que é possível compreender o significado que o pintor queria nos comunicar. E o mesmo vale para o significado das obras de Bach ou de Dante.

Contudo, ainda não lhe dei uma boa razão para dedicar tanto tempo da nossa formação ao estudo das linguagens dessas obras distantes e difíceis.

Um pouco mais de trabalho ainda. Detenhamo-nos em nossa subjetividade. Se de fato eu não tentasse continuamente compreender a mente dos outros, a minha seria relativamente pobre. Esse é infelizmente o mundo dos autistas, isto é, daquelas pessoas que tem um escasso acesso aos estados mentais dos outros. O contato com os outros nos enriquece. Como dizia Demócrito: "Toda região da terra está aberta ao homem sábio: porque a pátria de quem é virtuoso é o universo inteiro".

Como vimos na carta sobre a psicologia, existe uma verdadeira e própria ciência da nossa subjetividade. Entretanto, o mundo interior — não só o meu, mas também o seu e aquele de todos em seu conjunto — escapa no mais das vezes de uma consideração científica, ao menos por enquanto. Em vez disso, nós conseguimos conhecer, ao menos um pouco, a nossa subjetividade e a dos outros por meio da arte. É claro que se trata de um conhecimento um pouco confuso e pouco estruturado, cuja única justificação, como dizíamos antes, é a universalidade, no sentido que as grandes obras de arte falam a todos ou a quase todos aqueles que aprenderam a linguagem na qual elas são confeccionadas.

Também o videogame com o qual a criança se diverte tem um código próprio. Todavia, o jogo foi construído principalmente para divertir, razão pela qual a linguagem é muito amigável (*user-friendly*) e os significados são simples e diretos. Isso quer dizer que nem todos podem adquirir aquela linguagem, que é característica da psicologia das crianças. E, ainda mais importante, mesmo se um idoso fizesse o esforço de aprender a usar o videogame, não aprenderia novos significados. Ao contrário, a linguagem de Dante é muito difícil de aprender, para todos, inclusive os contemporâneos de Dante; Dante, na verdade, inventa uma verdadeira e própria língua nova. Além disso, feito o esforço de aquisição da sua língua, não somente provamos a sensação de prazer diante de algo de belo, como também acontece à criança com o videogame, mas adquirimos significados originais que lançam nova luz sobre o mundo interior dos seres humanos.

Em suma, a este ponto você já compreendeu que existem obras de arte que foram feitas para nos divertir e que são de fácil fruição, mas que não nos ensinam muito, e obras de arte que são mais difíceis de compreender — e isso porque muitas vezes chegam até nós de épocas distantes e foram escritas em línguas que são estranhas para nós — mas enriquecem e nos proporcionam um melhor conhecimento da subjetividade humana. Essa é uma razão profunda pela qual vale a pena estudar para compreender a arte.

Nosso mundo é muito veloz: o avião, o computador e a web o tornam extremamente variado e mutável. Bach compunha música em um contexto mais lento, o mesmo acontecia à época de Dante. É claro, portanto, que quando você escuta a música barroca do século XVII ou lê a poesia do século XIV você fica entediada, devido ao seu gosto habituado diversamente. Você bem sabe, porém, que a velocidade é divertida, mas não pode ser senão superficial. Como já lhe contei mais vezes, por vezes precisei de décadas para compreender alguma coisa. É preciso tempo para compreender. E conhecer não somente é um prazer, mas amplia sua liberdade, porque se você não compreendeu a situação em que se encontra, com frequência não consegue nem mesmo enxergar as alternativas que se lhe apresentam e, consequentemente, você perde oportunidades importantes.

É claro que nem todos precisam aprender a apreciar as mesmas obras de arte. De fato, as mesmas coisas podem ser compreendidas de modo diferente. Cada um tem as suas formas de arte preferidas, os seus autores e as suas obras. É importante, porém, cultivar a arte: muito, quando se é jovem, e sempre um pouco também quando já se é adulto. E não somente a arte de fácil fruição, que proporciona diversão, mas também a grande arte, que, embora mais difícil, abre a cabeça.

Nestes dias de sofrimento, escutar a música de Bach, em particular a *Paixão segundo Mateus*, que agradava tanto também à vovó, me dá um grande alívio. Mas não é preciso se envergonhar se o mesmo prazer pode ser experimentado escutando *Yesterday* dos Beatles ou mesmo *Albachiara* de Vasco Rossi. É claro que os significados artísticos dessas duas canções — o da segunda ainda mais que o da primeira — são menos universais que Bach, que conseguiu falar a inúmeros povos e culturas. Todavia também *Albachiara* é provavelmente mais universal que o mais recente videogame, e por isso também lhe ensina alguma coisa. A arte, porém, não é somente conhecimento, mas também beleza, e daí vem uma parte importante do nosso prazer quando a apreciamos. A arte é também jogo, distração e diversão. E nenhuma dessas emoções é negativa. Ao contrário, todas contribuem para nossa felicidade.

Agora, antes de dormir, assisto um filme cômico fora da realidade, que, porém, me faz sempre sorrir: *Eccezzziunale... veramente* com Diego Abatantuono, um *cult* de quando eu tinha vinte anos!

Capítulo XX

NÃO SE DEIXE LEVAR PELOS BELOS ARGUMENTOS. A POLÍTICA

Caríssima, olhando para o mundo dos adultos, para a sua mesquinhez e mediocridade, bem diferente da moralidade que estes mesmos adultos lhe ensinaram, você reagiu com um movimento de revolta. Muitos jovens, ao invés, compram a conversa e logo aprendem a máxima: "façam o que eu digo, mas não o que faço"[1]. Você, felizmente, não se encontra entre esses.

Eu pertenço a uma geração que tão logo se tornou adulta viu a Itália parar e depois começar a regredir lentamente; você, ao invés, pertence a uma geração para a qual a juventude já é decisivamente menos rica em oportunidades que aquela que tivemos nós. Nós com a cabeça ainda cheia das ilusões juvenis não soubemos reagir à inversão da tendência. Somente alguns se deram conta das profundas mudanças em ato, e a maior parte continuou a reiterar os mitos da juventude. Vocês, ao contrário, não podem ter mitos, nem ilusões. De imediato isso pare-

---

1. No original italiano o provérbio é "predicare bene e razzolare male", isto é, "'cacarejar' bem, mas ciscar mal". (N. do R.)

ceria uma tragédia, mas, assim como em toda crise, de fato é também uma oportunidade.

Foi-nos ensinada a utopia, um lugar que não está em parte alguma, onde as pessoas se ajudam reciprocamente, trabalham o mínimo para sobreviver, usam seu tempo livre cada um da maneira que mais lhe agrada, ninguém é ridicularizado, ninguém é pobre, cada um se contenta com aquilo que tem, que, em todo caso, é suficiente para uma vida digna. Isso é precisamente uma utopia. Nunca se realizou e nunca se efetivará. E, no fundo, é melhor assim. Seria um mundo um pouco tedioso, porque não seria necessário aspirar a melhorar a situação.

A crise das ilusões juvenis e das utopias é para você uma oportunidade para pensar de modo novo e mais sério nestes problemas.

Demócrito exortava "a aprender a arte política, como a mais alta e a enfrentar aquelas fadigas das quais provêm para os seres humanos grandeza e magnificência". Em vez disso, hoje se escuta muitas vezes falar mal da política. Muitos não se dão conta que falar mal da política significa falar mal de nós mesmos. Nós somos a política. Isso quer dizer que se queremos melhorar a política devemos iniciar por nós mesmos. E, pelo contrário, quase sempre tendemos a culpar os outros pelo que está errado. Claro que infelizmente acontece aquilo de que já Demócrito reclamava: "Pode-se mesmo dizer que certas pessoas, quanto mais são indignas, mais conseguem ocupar cargos institucionais", mas essa não é uma boa razão para não tentar se engajar.

Depois chegam aqueles que amam os grandes projetos de turbulência total, que querem realizar o mundo "novo", o homem "novo", que querem fazer a revolução. São quase sempre os mesmos que acreditam poder mudar o mundo somente com as opiniões e não com os fatos. Muitas vezes são aqueles que imaginam um mundo utópico e trabalham com todas as forças para derrubar essa realidade em que vivem. Frequentemente são os que falam sempre mal da nossa realidade, produzindo mal humor e tédio. Demócrito dizia de modo divertido: "Muitos, mesmo realizando as piores ações, vão adorná-las com belos discursos".

Não faltam aqueles que neste mundo são privilegiados e consequentemente não querem mudar nada. Os conservadores no sentido mais próprio do termo.

Na realidade melhorar as coisas é difícil e extremamente cansativo. O pai de um conhecido meu dizia que é preciso paciência e espírito de investigador para compreender quais são os problemas; ainda mais difícil é encontrar soluções realizáveis; quase impossível convencer os outros e envolvê-los na implementação de tais soluções. Aí está: essa última afirmação diz respeito à política.

Um economista falava da solidão do reformador, em um mundo no qual alguns abraçam grandes projetos de mudança e de fato não mudam nada, e outros defendem os seus privilégios e nada querem modificar. O reformador, ao invés, sabe que para obter algum resultado, o próprio empenho em um projeto deve durar ao menos o tempo de uma geração: um quarto de século.

Veja, querida, quando você pensa na política deveria distinguir dois problemas, que estão sim muito ligados, embora seja melhor mantê-los separados. Até agora falamos de como você, pessoa singular, se encontra diante da política, isto é, tentamos responder, mesmo se de modo parcial e incompleto, à pergunta "o que eu devo fazer aqui e agora para melhorar a sociedade na qual vivo?". Devemos agora refletir sobre qual poderia ser a melhor sociedade para se viver. Somos conscientes que ela nunca se realizará, todavia vale a pena pensá-la, de modo a poder dar ao menos algum pequeno passo na direção justa.

Demócrito dizia: "A lei tem a intenção de proporcionar uma vantagem para a existência humana". E Epicuro reitera:

"Daquelas prescrições que são sancionadas como justas pela lei, aquela que for confirmada como útil em face das necessidades das relações comuns, tem o caráter do justo". Logo quando nos colocamos diante de uma mesa para escrever as leis que governarão as relações entre os cidadãos, devemos pensar antes de tudo no bem-estar desses cidadãos.

Já dissemos que as desigualdades por vezes criam riqueza, porque incentivam os mais capazes a fazer melhor. Mas, que dose de desigualdade é aceitável? Para resolver o problema, imagine não saber quem você é. Isto é, de se encontrar por trás de um véu de ignorância e de dever decidir qual seja a melhor sociedade. Em seguida, somente após você ter optado, você rasgará o véu e descobrirá quem você é, se um pobre e deficiente, ou um rico pleno de dotes. Nessa situação de ignorância que tipo de sociedade escolheria? Já que pode acontecer que você seja um dos que estão em piores condições e considerando que as desigualdades em parte aumentam o bem-estar geral, talvez a melhor solução seria: "quero estar naquela sociedade na qual os mais desfavorecidos estejam na situação menos pior possível". Em outros termos sim, aceito que existam desigualdades, mas somente se elas favorecem os mais pobres. Em outras palavras, por detrás do véu da ignorância, você é forçada a definir as regras do jogo da maneira mais justa possível, uma vez que não sabe ainda em qual situação você se encontrará. Para pôr-se atrás de tal véu deve realizar um grande esforço de imaginação, prescindindo de tudo aquilo que você efetivamente é. É como o lobo daquela bela fábula que líamos quando você era criança: ele está para comer um coelho e em vez disso, imagina que o roedor seja enorme e feroz e que está prestes a mordê-lo. Esse pensamento o faz desistir e ele se contenta com uma cenoura!

Entretanto, como alternativa você poderia defender que ainda mais importante que o bem-estar dos mais desfavorecidos é a soma do bem-estar de todos, razão pela qual você escolheria aquela sociedade na qual as desigualdades que proporcionam maior bem-estar são aceitas, independentemente da situação dos mais desfavorecidos.

Você poderia até mesmo decidir não aceitar nenhuma desigualdade, mesmo se esse nivelamento piorasse a situação de todos.

Ou então, considerar que você não quer organizar a sociedade por trás do véu da ignorância, mas que prefere que o Estado intervenha o mínimo possível na vida dos cidadãos. Mas então eu lhe pergunto: o Estado deve garantir a propriedade privada? Se sim, considere, porém, que essa solução cria enormes injustiças, uma vez que poucos tomarão a maior parte das riquezas e a transmitirão aos próprios filhos, criando verdadeiras e próprias oligarquias. Em um mundo assim o filho do pobre, mesmo se merecedor, terá pouca ou nenhuma oportunidade. Se você nega a intervenção do Estado, deverá ser coerente até o fim, e eliminar também a propriedade privada. Essa é a posição anárquica, que muitas vezes é muito apreciada pelos jovens e que suscita a minha simpatia, mesmo se me dou conta que é pouco praticável.

Até agora falamos de recursos, riquezas, bem-estar etc. Mas nos perguntamos sobre o que estamos discutindo. Ou seja, o que são a riqueza e o bem-estar? Talvez o dinheiro? Certamente ele ajuda, mas sabemos bem que não é tudo, existem também as propriedades, imobiliárias, por exemplo. Não só, existem também os recursos dedicados à formação, à saúde, à pesquisa e ao ambiente, isto é, os assim chamados "bens públicos". Na carta sobre a felicidade já lhe havia escrito que no fundo ela não é a finalidade da nossa vida. Ainda mais importante que a felicidade é o poder persegui-la, isto é a possibilidade de organizar e projetar a própria vida. O dinheiro, as propriedades, a educação, a saúde, tudo isso contribui para ampliar a capacidade de realizar os nossos objetivos. Pois bem, essas *capacidades* são para nós o bem maior. Essas capacidades, em um certo sentido, são a medida da nossa liberdade. E no fundo a liberdade é um dos maiores bens.

Discutimos brevemente sobre como a lei poderia repartir ou não repartir os recursos. Perguntamo-nos agora qual seria o melhor governo.

Vimos que todos nós temos preferências. Às vezes as de alguns se encontram em contraste com aquelas de outros. Pense, por exemplo, nas nossas discussões sobre qual filme assistir à noite na televisão. Você prefere os de ficção, eu os de faroeste, a mamãe os filmes *noir*! Quando vivemos juntos devemos encontrar um bom método para conciliar as nossas preferências, de modo a não prejudicar demais a ninguém. Mesmo quando somos poucos não é fácil. Imagine então quando somos muitos! Se somos poucos, é possível recorrer a um método que se chama "democracia direta". As pessoas se colocam todas ao redor de uma mesa e se discute acerca dos prós e contras das várias opções, até que a maioria tome uma decisão. Entretanto, na democracia direta nem tudo que brilha é ouro. Vejamos o porquê.

Todos nós somos influenciados por aquilo que se chama o "efeito halo": se alguém muito elegante e simpático apresenta com elegância uma tese completamente equivocada, ao passo que aquela justa é ilustrada de modo ineficaz e antipático, a primeira pode prevalecer sobre a segunda. Logo, quando em uma reunião você escuta um ponto de vista, preste mais atenção ao conteúdo do que à forma como ele é expresso.

Em segundo lugar, em uma assembleia se constata muitas vezes um fenômeno de ancoragem. É muito importante quem fala primeiro, uma vez que quase todos depois aludirão àquele ponto de vista e o considerarão dominante para o bem ou para o mal, talvez deixando escapar outras alternativas melhores. Portanto é melhor que cada um tenha clara a própria opinião antes de entrar na assembleia colocando-a por escrito, sem deixar-se influenciar muito pelos outros. Depois se lê ao seu turno o que se pensou autonomamente e se discute junto.

Além disso, muitos, ou para agradar as pessoas mais importantes ou mesmo apenas para ficar tranquilo, não exprimem as próprias opiniões se tem uma posição que não segue a tendência. Também isso deve ser evitado, porque empobrece o debate; convém, ao invés, criar uma atmosfera genuína e franca na qual as críticas sejam valorizadas e incentivadas.

Enfim, a maioria poderia decidir se apropriar de todos os recursos, deixando a minoria a ver navios, razão pela qual mesmo na democracia direta devem existir regras de salvaguarda dos direitos da minoria. Na verdade, de certa forma a democracia consiste mais na salvaguarda das minorias que no respeito da vontade da maioria. Ou melhor, a democracia deve ser *liberal*, de outro modo corre o risco de se tornar uma tirania da maioria. O problema político do governo não é somente estabelecer quem governa, mas também fazer de tal modo que quem governa não se aproprie da maior parte dos recursos, como infelizmente pode acontecer, em consideração às tendências inerentes à natureza humana.

Mas nós somos muitos; não podemos chegar a um acordo por meio de sistemas de democracia direta, que podem ser uteis somente em realidades pequenas e parciais. Por esta razão foi inventada pelo homem a democracia *representativa*, isto é o voto mediante o qual todos nós elegemos uma elite para nos governar por um período.

A democracia representativa, porém, não é somente o direito de voto de todos os cidadãos maiores. Em um país em que não existisse liberdade de imprensa e de opinião, as pessoas não poderiam ter as informações importantes para decidir conscientemente a quem dar o seu voto. Afim de que exista liberdade de informação, os meios que a produzem não devem ser monopólio de poucos, porque de outro modo filtrariam somente algumas ideias, isto é, aquelas que servem para aqueles poucos que as possuem.

Ademais, quando nós votamos em fulano não votamos somente no seu programa político, mas também na pessoa. Isso porque, para além de suas intenções, a realidade é mutável e imprevisível, razão pela qual devemos ter confiança na pessoa que nos representa, na sua honestidade, inteligência e determinação, mais que no programa que propõe, que em um amanhã deverá sem mais ser modificado e adaptado ao desenvolvimento dos eventos.

Em acréscimo convém sublinhar o problema das celebridades. Quem são as celebridades? Quem é muito rico, um ator famoso, um campeão esportivo etc., que é conhecido por todos; então se fulano, que é um desconhecido, apresenta-se como candidato contra beltrano que é, ao invés, uma celebridade, quase seguramente o primeiro perde, mesmo se muito mais competente que beltrano. Por essa razão na democracia existem os partidos, isto é associações que podem propor projetos políticos e selecionar pessoas capazes de levá-los adiante em caso de vitória eleitoral. Infelizmente no mais das vezes os partidos se tornam burocracias, que, como toda burocracia, esquece da razão pela qual foi instituída, amplia-se inutilmente e promove os seus empregados em vez de beneficiar os eleitores em vista dos quais foi instituída. Assim por vezes os partidos altamente burocratizados perdem o consenso dos cidadãos. E, então, os partidos são substituídos pelos "movimentos" caracterizados por uma personalidade carismática que arrasta atrás de si grande quantidade de consenso, muitas vezes, porém, sem ter boas credenciais para governar.

Veja, minha filha, em uma democracia o consenso é um bem importante. Os cargos políticos costumam remunerar muito bem. Agora até demais. Entretanto, em certa medida deve ser assim, porque eles deveriam atrair os cidadãos mais capazes, que caso contrário fariam trabalhos mais convenientes. Para chegar a desempenhar esses cargos, o político necessita do consenso. Ele é, portanto, pilotado pela opinião dos cidadãos que votam. Nunca, portanto, se deve deixar de votar, como hoje, infelizmente, fazemos cada vez mais: desse modo deixamos que os outros decidam o que diz respeito também a nós. Além disso, é bastante inútil falar mal dos políticos em geral, que no mais das vezes dizem e fazem aquilo que os seus eleitores lhe pediram. Se temos políticos de pouco valor é porque nós mesmos, como corpo eleitoral, somos de pouco valor.

Infelizmente o nível intelectual e cultural do nosso país nos últimos vinte anos baixou significativamente. O quê quer dizer que os italianos votam com poucas e confusas ideias em mente. É também por isso que escolhemos mal os nossos políticos. Você entende, portanto, porque talvez a garantia mais importante da democracia seja a educação, pois uma escola adequada produz cidadãos autônomos e preparados, que querem ser representados por políticos inteligentes, capazes e honestos.

Na democracia subsiste um estranho paradoxo. Se a maioria das pessoas não possui uma boa formação, muitas vezes ela toma decisões contrárias aos próprios interesses. Por exemplo, como lhe dizia antes, os bons projetos políticos geralmente duram um quarto de século. E isso somente pode entender quem estudou suficientemente economia e história. Por isso, só um cidadão adequadamente preparado escolherá um político que leva adiante projetos que enxergam longe. Em vez disso, nós, por superficialidade e ignorância, concedemos mandato aos nossos políticos para resolver as emergências e esconder a poeira debaixo do tapete.

Em outras palavras, o que se decide em democracia nem sempre é o que é justo. Por vezes somente pouquíssimas pessoas muito bem documentadas e capazes sabem o que seja o justo. E muitas vezes ninguém o sabe. Porém, procedimentos democráticos bem construídos, talvez reajustados periodicamente, para adaptá-los às situações que mudam, deveriam favorecer decisões que se não são justas, sejam pelo menos razoáveis. Aqui o termo "razoável" significa "satisfatório". Dada uma situação e parâmetros que estabelecem o que seja o melhor e o que seja pior, em geral existe uma única decisão ótima e múltiplas decisões que, mesmo não sendo ótimas, são, contudo, suficientes. Uma boa democracia deveria ser um sistema capaz de alcançar, na maioria dos casos, pelo menos uma dessas últimas alternativas.

Você ouvirá com frequência dizer que a democracia não deve ser somente um procedimento, mas também um fato substancial, isto é, que seria necessário não somente leis que a garantam, mas também um amplo aparato central que elimine todas as diferenças injustas entre os cidadãos. Essa é uma ideia perigosa; de fato você já sabe quais são os males da burocracia. Os aparatos que instituímos para certa finalidade pouco a pouco se esquecem do escopo para o qual nasceram e tendem a alimentar sempre mais a si mesmos e seus próprios privilégios. Portanto, é melhor que a democracia siga sendo um procedimento bem feito, mais que uma máquina burocrática.

Enfim, antes de concluir esta enxurrada de reflexões esparsas, gostaria de preveni-la de uma ilusão, da qual todos somos um pouco vítimas. Eu me lembro que quando você tinha dez anos precisou de ir ao médico porque sentia uma dor no quadril. Havia uma longa fila, mas encontramos um amigo que nos fez passar na frente de todos. Quando chegamos em casa, mamãe disse que aquele senhor não tinha sido muito correto. E você o defendeu dizendo: "Como não? Ele nos fez ganhar tempo!" Em sua ingenuidade você acreditou que o que nos era conveniente também estava certo. Esse é um erro que cometemos todos, mesmo depois de grandes. Eu lhe dou outro exemplo concreto, que diz respeito a você em primeira pessoa. Quem se aposentou nos últimos anos gozou de um sistema de aposentadoria "retributivo", isto é estabelecido por base no seu último salário, em geral aquele mais alto. Isso significa que em média receberá como aposentadoria muito mais do que aquilo com que efetivamente contribuiu a sua geração, incluindo a reavaliação das contribuições, mesmo levando em conta daqueles pobres que morreram antes de poder usufruir de sua aposentadoria, ou pouco depois de terem tido acesso a ela. E quem paga esta diferença? Aqueles que vêm depois, obviamente. Esses, além disso, terão forçosamente uma aposentadoria de tipo "contributivo", isto é baseada não sobre o último salário, mas sobre as contribuições efetivamente feitas. Na prática os mais jovens serão "gado de abate". Se você conversar com alguém da geração daqueles que gozaram do sistema retributivo, ele lhe dirá que é justo e que precisaria estendê-lo a todos, mesmo aos jovens trabalhadores. É uma pena que a nossa dívida estatal seja tão alta, como já dissemos, e essa extensão seja de todo impossível. A "má consciência" deles, como se poderia dizer, convenceu-os que aquilo que lhes foi conveniente fosse igualmente justo.

Em suma, minha querida, você ficou prejudicada. Os meus pais receberam muito do Estado social, minha geração um pouco menos, e a sua, receberá realmente pouco. E isso depende de muitos fatores. Em primeiro lugar, do fato que na Itália desperdiçamos dinheiro público. Em segundo lugar, porque a concorrência internacional se tornou muito mais forte do que antes. De fato, vinte anos atrás, a Itália era uma das poucas grandes potências econômicas, ao passo que agora muitos países emergentes alcançaram capacidade produtiva de primeira ordem. E em terceiro lugar, pelo fato que não soubemos investir na formação, inovação e pesquisa que são fundamentais para encarar o mundo de hoje. Todos nós temos um smartphone no bolso, mas nenhum desses smartphones foi concebido, ou produzido no nosso país, infelizmente.

Alguns propõem que se deva deter a chamada "globalização", isto é a livre troca de mercadorias, capitais, pessoas e informações, acreditando que ela seja fonte de desastres. Eu não estou tão certo disso. Nos últimos vinte anos na China, 500 milhões de pessoas saíram de um estado de pobreza absoluta e isso também porque os produtos chineses a baixo custo puderam circular bastante livremente. Se tivéssemos bloqueado as importações da China, essa melhoria não teria se verificado. E isto é verdade mesmo se considerarmos que a China seja um país politicamente atrasado, por ser radicalmente antidemocrático. Outros se lamentam que as grandes empresas internacionais, as chamadas "multinacionais", em um mundo globalizado, subtraem soberania dos cidadãos e dos estados nacionais. Por um lado isso é verdade somente em parte, pois nós não agimos politicamente somente quando votamos, mas também quando compramos. De fato nós, enquanto consumidores, a cada vez que compramos, realizamos uma escolha, que pode ajudar a empresa (multinacional) pela qual optamos e prejudicar aquela que preterimos. Por outro lado, os estados nacionais nos últimos duzentos anos causaram uma série de guerras terríveis, baseadas na política de potência nacionalista, a ponto que já não parece assim tão negativo se eles perdem pelo menos uma parte da sua força.

Outra crítica à globalização põe o dedo sobre os seus efeitos de homologação. De fato, na pousada mais espartana de uma pequena aldeia do Himalaia, assim como nas nossas casas, as crianças têm frequentemente o seu olhar imerso em um smartphone! É preciso, porém, estar atentos pois o fenômeno é superficial apenas em parte.

Por vezes se diz que a linguagem dos jovens é padronizada pelas expressões de gíria impostas pelos meios de comunicação de massa. Em parte, é verdade. Porém, como você bem sabe, todo pequeno grupo reelabora, muitas vezes de modo fantasioso e pessoal, aqueles clichês que se espalham. É verdade que até há pouco tempo nos SMS e agora nos *chat's* todos usavam a expressão abreviada "vc" em vez de "você"; mas acontece também que vocês apelidaram Giordano — o seu amigo preguiçoso — com um trocadilho engraçado: "o senhor vc"! Em outras palavras, a homologação, que certamente está presente em todo grupo, é um pouco contrastada por um verdadeiro e próprio fenômeno de "indigenização", isto é, de repensamento criativo dos padrões comuns.

Nós, minha filha, cometemos muitos erros, mas estou certo de que a sua geração — que tem poucas ilusões e mais concretude, desejo de melhorar as coisas, equilíbrio, cosmopolitismo, curiosidade intelectual, razoabilidade, todas essas qualidades que nos faltaram e que eu vejo em você — saberá fazer muito melhor. É por isto que podemos conservar um pouco de esperança com relação ao nosso futuro.

Capítulo XXI
A DECISÃO DE PREGAR UM PREGO NA PAREDE. A LIBERDADE

Caríssima, ontem eu me sentia realmente mal. Hoje, por sorte, estou um pouco melhor. Tinha dores no abdômen, tremia e suava. Não conseguia fazer nada. O meu corpo tinha aprisionado por completo a minha vontade. Hoje não, hoje eu consigo lhe escrever.

Há momentos em que nós *sentimos* estar livres, ao passo que em outros, nosso corpo nos prende. Agora decido levantar o braço e logo o faço. Sinto-me livre para agir. Se alguém me tivesse amarrado, não poderia fazê-lo. A liberdade é a sensação de poder dar vazão às ações que programamos. Em toda essa discussão nunca se esqueça que liberdade não é só fazer o que queremos, mas também querer o que fazemos, isto é que as nossas ações sejam a realização de uma deliberação nossa.

Já lhe ouço me dizendo: "Mas papai, por que diz a 'sensação' e não o 'fato' de poder dar vazão às ações que programamos?" Porque, minha querida, não estamos seguros de ser livres. Pode acontecer que, mesmo quando temos aquela sensação, o nosso corpo nos obrigue.

Aprofundemos a questão. Existe um sentido mínimo no qual somos livres. Por exemplo, se eu instalar uma bucha na parede de seu banheiro para pendurar o roupão em um gancho, certamente eu terei sido a causa deste evento. Acontece com muita frequência que imaginamos projetos pequenos ou grandes e os realizamos por completo ou em parte. Logo, nesses casos não somente nós somos a causa do evento, mas o evento é mais ou menos aquilo que tínhamos imaginado. No entanto nesses casos em que nos sentimos livres, não estamos seguros de estar livres em sentido pleno. Poderia bem ter acontecido que já um segundo depois do *big-bang* tivesse ficado estabelecido que eu viria a fixar o gancho, isto é que o nosso universo seja determinado. Então, mesmo que seja verdade que tenha sido eu mesmo a causa de a bucha estar fixada na parede do seu banheiro, subsiste o fato que eu, por mia vez tenha sido determinado a fazê-lo por eventos precedentes. Em suma, no sentido mínimo de ser causa de um evento, nós frequentemente somos efetivamente livres, mas é uma liberdade *débil*. Para compreender este ponto devo explicar o que é o "determinismo".

Se a nossa cosmologia é verdadeira, nós vivemos em um universo que teve origem em um evento inicial ocorrido há 13,7 bilhões de anos. Imaginemos uma pessoa muito longeva — vamos chamá-la de Matusalém. Vamos dizer que Matusalém já estivesse no nosso universo um segundo após o *big-bang* — bem, ele deve ser também muito robusto para resistir a uma temperatura de cerca de 10 bilhões de graus! — e depois ele se encontre hoje, dia 23 de dezembro de 2017, em teu banheiro para fixar a bucha na parede. Consideremos agora um universo-*bis* que um segundo depois do *big-bang* é exatamente igual ao nosso, tendo em seu interior também um gêmeo de Matusalém que chamaremos de Matusalém-*bis*. Então a pergunta é: no universo-*bis* o senhor Matusalém-*bis* no dia 23 de dezembro de 2017 estará ou não instalando uma bucha na parede do teu banheiro-*bis*?

Se a resposta é "sim" para esse evento e para qualquer outro, então vivemos em um mundo determinista, onde tudo aquilo que acontece é determinado precedentemente. Em outras palavras, em dois universos possíveis nos quais o passado é igual também o futuro é igual. Assim dizia Demócrito, inspirando-se em Leucipo: "Tudo se produz conforme a necessidade".

Definimos mais ou menos o que é o determinismo. Agora estou certo de que você está curiosa para saber se nós vivemos em um universo determinista ou não. Como de costume, não sabemos. Todavia existem alguns elementos que fazem pensar que o nosso universo não seja determinista. Uma das melhores teorias físicas que descreve isso, ou seja, a mecânica quântica, tem de fato aspectos não determinísticos, mesmo se nem todos estão de acordo em deduzir do caráter não determinístico da teoria o indeterminismo do mundo. Em segundo lugar, nós conseguimos prever somente situações muito simples, como o movimento dos planetas do sistema solar nos próximos anos, mas basta complicar um pouco o quadro e não estamos mais em condições de fazer previsões: ninguém, por exemplo, pode antecipar o andamento dos mercados financeiros a médio prazo, ou o movimento dos planetas do sistema solar dentro de 100 milhões de anos. O mundo geralmente sabe ser muito criativo. Essa imprevisibilidade poderia ser sintoma de uma efetiva indeterminação. Certo, a incapacidade de prever poderia se dever também a uma limitação nossa. Isto é, o mundo de fato poderia ser completamente determinado, sem que nós dispuséssemos de teorias adequadas para formular as previsões corretas. Não sabemos.

Existem fenômenos aparentemente não determinísticos, mas que na verdade são determinísticos, ou as chamadas "bifurcações". Você se lembra do filme do Woody Allen *Ponto final (Match Point)*? O protagonista é um ex-jogador de tênis e, em uma das cenas fundamentais, um anel, que poderia tê-lo comprometido, rebate por um fio contra um corrimão. De fato, aquele anel, ao invés de acusá-lo o salvará. É provável que sua trajetória, que depende substancialmente de como ele foi lançado, seja determinística. Todavia, teria bastado realmente muito pouco e as séries dos eventos sucessivos teria mudado radicalmente. Aquela pequena variação é de fato não calculável, razão pela qual toda uma série de acontecimentos, embora determinada, é na realidade imprevisível. Logo não é possível deduzir da imprevisibilidade o indeterminismo, mesmo se alguns sustentam que quando um evento é imprevisível, de fato é como se fosse indeterminado.

Pense como seria estranho o indeterminismo se ele fosse verdadeiro. Considere o nosso mundo no qual você encontra Stefano na festa da sua amiga, vocês trocam olhares, desencadeia-se alguma coisa e vocês começam a se falar até começarem a namorar. Imagine agora o mundo-*bis* no qual tudo é igual, mas, imediatamente depois que vocês se veem nada acontece, e cada um prossegue em seu próprio caminho. Isso seria o indeterminismo. Você pensará de imediato: "É impossível; era destino que eu e o meu Stefano nos amássemos!". Pode ser que você tenha razão; mas preste atenção: quando você olha para o passado, a partir de um ponto de vista novo você tem muita dificuldade em ver as alternativas que não se realizaram (admitindo que elas existam), isto é, em perceber que não estamos em um mundo determinístico. Observe esta figura:

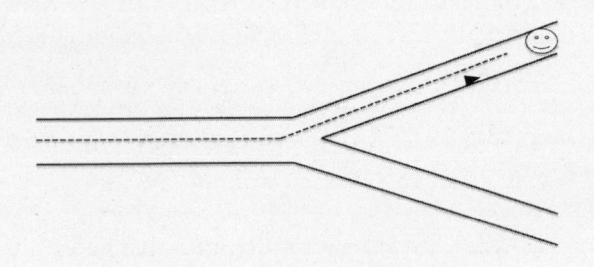

A parte à esquerda representa o passado e a parte à direita o futuro. A um certo ponto existe uma bifurcação. E somente uma das duas alternativas se realizou, isto é, aquela em que está desenhando o rosto. Deste ponto você olha para trás e vê somente uma cadeia de acontecimentos que chegam até você; por isso lhe escapa que as coisas poderiam ter ocorrido diversamente. Em outras palavras, nós tendemos a reconstruir o nosso passado como uma série de eventos que levam diretamente àquele ponto aonde chegamos, negligenciando as alternativas, que poderiam ter se dado.

De todo modo examinamos as consequências para a nossa liberdade se vivêssemos em um universo determinista.

Voltemos à bucha na parede do seu banheiro. Sou eu quem realmente o instala, e não Matusalém! É verdade que você me pediu para resolver o problema do seu roupão de banho e eu "projetei" colocar um gancho e, em seguida, efetivamente o fixei. Todavia, se vivemos em um universo determinista, já um segundo depois do *big-bang* estava escrito que eu deveria ter instalado o gancho no seu banheiro justamente no dia 23 de dezembro de 2017. Portanto, mesmo se ao realizar o trabalho eu tinha a sensação de ser livre e, de fato, fui eu mesmo a causa do evento "gancho instalado para o seu roupão de banho", não serei plenamente livre, isto é, livre em sentido forte.

Tínhamos dito, porém, que talvez vivamos em um universo não determinista. Disso estava convencido Epicuro, para quem um átomo conduzido pelo seu movimento ao longo de uma linha reta dirigida para baixo por causa do próprio peso e da gravidade, se inclinaria ligeiramente. De fato, a vontade livre pode ser salva somente se admitimos uma declinação que faça desviar os átomos. A pergunta então passa a ser: se estivéssemos em um universo não determinista, seríamos livres em sentido *forte*? Isto é, não somente como causas, mas também efetivamente livres para escolher sem ser determinados?

Para tentar responder a essa questão, devemos infelizmente acrescentar mais água no feijão. Espero não estar confundindo muito sua cabeça.

Quando falamos da psicologia, dissemos que não sabíamos qual seria a relação entre o nosso corpo e a nossa mente. As respostas possíveis a essa pergunta são pelo menos três.

1. A *identidade*: mente e corpo são a mesma coisa. Assim pensava Demócrito: "A alma é uma espécie de fogo e de calor dos infinitos átomos e das suas infinitas figuras". Assim também pensava Epicuro: "A alma é uma substância corpórea composta de partículas sutis, espalhadas por todo o organismo, bastante semelhante a um fluido ventoso". Em outras palavras, dizer que "Stefano está pensando em você" teria exatamente o mesmo significado de afirmar que "certos neurônios de Stefano estão em um determinado estado". E isso valeria para qualquer estado mental! Vou lhe propor outro exemplo. As duas frases "o seu fantoche preferido" e "o husky que está em seu quarto" se referem à mesma coisa. Assim compreenderia pelas descrições mentais e por aquelas físicas, que seriam dois modos de falar da mesma entidade.

2. O *dualismo*: mesmo se mente e corpo estejam muito entrelaçados, são de todo modo duas entidades que podem ser separadas uma da outra. Esse é um ponto de vista espiritualista, que assume que exista uma alma diversa do corpo, que pode ter uma sua vida própria. Virgílio, por exemplo, no canto XXV do *Purgatório* de Dante, lembra ao poeta que quando o cérebro do feto é perfeito, Deus, admirado por tantas artes, acrescenta o espírito que chama a si tudo o que está ativo na criança.

3. A *mente prisioneira*: as propriedades mentais são algo de diferente daquelas físicas, mas essas últimas determinam completamente as primeiras. Na prática, contrariamente à teoria da identidade, as propriedades mentais e aquelas físicas são duas entidades diferentes. Por exemplo, o fato que você deseje com-

prar um novo smartphone é uma outra coisa em relação ao fato que os seus neurônios se encontram naquela configuração; todavia se os seus neurônios se encontram naquela configuração, decerto você deseja comprar um smartphone: a sua vida psíquica é assim distinta daquela física, mas a segunda determina completamente a primeira. Assim Sigismundo, o protagonista da *A vida é sonho* de Calderón de la Barca, viveu primeiramente aprisionado em uma torre, depois adormece e fazem dele um rei, mas pouco depois, de novo sob efeito de sonífero, é levado novamente para a torre. Na sua vida se alternam pesadelo e esplendor, sem que ele nada possa fazer. Na verdade, sua existência é completamente controlada pelo pai tirânico.

Não temos até o momento argumentos definitivos a favor de nenhuma dessas três hipóteses. Impressiona-me, porém, que hoje muitos defendam o ponto de vista da "mente prisioneira" que, para nós é certamente mais deprimente!

A favor do dualismo está o fato que não temos boas explicações de como os estados físicos determinariam aqueles mentais, em vista dos quais poderíamos imaginar de ser um espírito sem corpo. Entretanto, esse é um argumento que demonstra, no máximo, que é *possível* que a alma exista separada do corpo; nada mais. Ou seja, podemos pensar que a alma seja distinta do corpo, mas essa não é uma prova de que efetivamente seja assim.

A favor da mente prisioneira temos que os fenômenos físicos influenciam fortemente os nossos estados mentais. Pense somente no modo como os tranquilizantes — moléculas — podem modificar os nossos pensamentos. Isso apesar dos estados mentais nos parecerem como alguma coisa totalmente diferente dos estados físicos. Por isso se poderia dizer que a mente é distinta do corpo, mas completamente determinada por ele.

Em favor da identidade se encontra mais uma vez a forte influência do físico sobre o mental e o fato que, se mente e corpo fossem uma mesma entidade, ficaria muito claro como os estados mentais agem sobre os estados físicos e vice-versa, visto que seriam feitos da mesma substância. Eu não vou lhe esconder que, embora eu tenda a suspender o juízo sobre esse assunto, se eu tivesse que escolher, optaria por essa última solução, porque me parece a que está melhor justificada.

Voltemos ao nosso problema. Dissemos que estamos fazendo de conta de estar em um universo não determinista. É claro que se a alma fosse autônoma e separada do corpo, ela seria livre, independentemente de qual seja a situação do mundo físico, determinista ou não. Se a mente fosse prisioneira, quer o mundo seja determinista ou não, para a nossa liberdade pouco mudaria, uma vez que seremos de todo modo "prisioneiros". Pelo contrário, se valesse a identidade, o indeterminismo permitiria uma forma forte de liberdade. Desculpe-me, minha querida, mas aqui é preciso que eu introduza uma distinção filosófica adicional.

Contudo, antes de prosseguir, lembro-lhe que certa vez você entrou em meu quarto, você deveria ter 15 anos, e me disse: "Papai, se eu movo as minhas pernas ou os meus braços isto é o corpo. Se eu decido movê-los, esta, ao invés, é a mente. Como pode a mente agir sobre o meu corpo?". Senti muito orgulho de você, que tinha descoberto e expressado em poucas palavras aquilo que os filósofos chamavam "o hiato explicativo entre o aspecto qualitativo dos nossos estados mentais e os estados físicos". Imagino que você esteja buscando um bom argumento para libertar seus pensamentos de um vínculo excessivamente materialista. Mas prossigamos com as nossas meditações sobre a liberdade.

Existem dois tipos diferentes de teoria da identidade entre o mental e o físico. De acordo com a primeira, "identidade" significa completa redução do mental ao físico: não só o físico e o mental são a mesma coisa, mas a descrição adequada dessa única substância é a física. De acordo com a segunda, pelo contrário, esta entidade única pode ser descrita em *pelo menos* dois modos diversos, isso é, aquele mental e aquele físico, e cada um colhe um aspecto importante dela. (Lembre-se daquilo que dizia Epicuro, de não se deixar levar: "em um modo ou no outro, a unicidade de explicação".). Este último ponto de vista é por vezes chamado "monismo neutro" e na verdade parece mais equilibrado. "Monismo" porque existe uma única substância; "neutro" porque a sua natureza não é essencialmente física, como para os teóricos da identidade, mas pode ser descrita de modo parcialmente adequado também em termos mentais.

É claro que se a identidade é aquela que atribui o primado aos estados físicos, sobra pouco espaço para o nosso livre querer. Ao contrário, se identidade quer dizer monismo neutro, então bem poderia ser que, quando podemos descrever como livre a nossa vivência relativa a uma ação, isto é, nos sentimos livres e autodeterminados, não se trata de uma ilusão, mas de uma situação que, do ponto de vista físico, descreveremos como indeterminada. Vejamos um exemplo. Stefano decide presentear você com um rubi por ocasião de seu aniversário. (É uma ficção, razão pela qual você deve desconsiderar!) Ele tem a sensação de ser livre enquanto realiza seu projeto. (Livre até um certo ponto, porque se ele se esquece de lhe oferecer um presente de aniversário, você acaba com ele!) Enquanto decide e realiza seu projeto o seu cérebro se encontra em uma série de estados, alguns dos quais são absolutamente novos e indeterminados, isto é, não causados pelo que tinha acontecido antes. Isso porque estamos em um universo não determinista. Dizer "o cérebro de Stefano se encontra naqueles estados, alguns dos quais indeterminados" e "Stefano decide comprar um rubi para a sua namorada" são duas descrições que se referem a uma mesma entidade. Algo que acontece no mundo do ponto de vista físico é indeterminado e do ponto de vista mental é subjetivamente livre. Se assim fosse, Stefano seria livre em sentido forte, isto é não somente seria a causa do seu projeto de comprar o rubi, mas o faria livremente, sem qualquer predeterminação física. Essa é somente uma bela hipótese e nada mais, uma vez que não temos respostas claras sobre os temas que estamos discutindo.

Se eu tivesse que escolher, acho que defenderia que estamos em um universo não determinista em que vale o monismo neutral, de modo que é bem possível que sejamos livres em sentido forte. Em vez disso, a muitos agrada um mundo determinista no qual a mente é prisioneira. Seja como for, sobre essas coisas sabemos ainda muito pouco, e por isso o melhor a fazer é suspender o juízo.

Resumindo, você me dirá, estamos na maior confusão. Poderia, então, ter razão aquele assassino que não queria ser submetido a julgamento, porque de fato tinham sido os seus neurônios a decidir de matar e, logo, ele não era responsável!

Na verdade, esse fulano poderia ter razão. De um ponto de vista penal, o juiz deve tentar estabelecer o grau de voluntariedade de um crime. Se uma pessoa é louca e não é senhora de si e dá um soco em alguém matando-o, certamente ele não pode ser considerado por responsável do homicídio. Se, ao contrário, uma pessoa matasse ao atropelar alguém com um carro, por acidente, é um homicídio "culposo", mas certamente não é um crime tão grave como quando se mata por engano, por meio de um golpe muito forte. Nesse último caso se chama "preterintencional", isto é, vai além das intenções que, por outro lado, não eram boas! Ainda pior se alguém, tomado pela raiva, disparasse com um revólver uma bala no coração de outra pessoa (homicídio "voluntário"). Porém, o homicídio mais terrível é o "premeditado", no qual o assassino se organiza e arquiteta o assassinato. Estabelecemos 5 graus, da incapacidade de entender e querer até a premeditação. Passo a passo cresce a voluntariedade do imputado. Todavia esta voluntariedade, que o juiz investiga, não é absoluta, isto é, diz respeito apenas ao que sucedeu com o assassino. Quem mata com premeditação é mais livre que o homicida voluntário que, por sua vez, é mais livre que aquele não intencional, que é mais livre que o homicida culposo; o homicida incapaz de compreender e querer, ao invés, não é livre. Porém, essa liberdade poderia ser uma ilusão subjetiva. Não o sabemos.

Você me dirá: "Papai, mas se as coisas são assim, não podemos processar e condenar os assassinos!".

Mas eu não disse que estamos seguros de que eles não sejam responsáveis; apenas afirmei que não sabemos se são mais ou menos responsáveis. Essa nossa ignorância, mesmo se não impede os processos penais, tem, porém, importantes consequências jurídicas. Nós não podemos *punir* ninguém. De fato, pode ser punido somente aquele que é responsável por um crime. A justiça humana não serve para punir as pessoas, mas para desencorajar e impedir comportamentos nocivos e antissociais, como o estupro, o assassinato, o furto etc. e para reeducar quem os comete. Você se lembra quando o pai do seu pobre amigo Giuseppe estava brigando com aquele bêbado que tinha atropelado seu filho com o carro? O seu desejo de vingança contra aquele infeliz que dirigia o carro era humanamente compreensível. Isso apesar das decisões do juiz não deverem levar em conta esse sentimento, pois, infelizmente, não se poderá nunca trazer de volta à vida Giuseppe. O objetivo do juiz, deveria ser, pelo contrário, o de desencorajar grandemente esses comportamentos, e, se possível for, tentar reeducar o homicida. Isso não quer dizer que o magistrado não deva colocá-lo na cadeia; saber que ao se dirigir embriagados e acontece de se matar uma pessoa o condutor vai para a cadeia por três anos sem a condicional seria ótimo para dissuadir os eventuais imitadores! Em vez disso, o senso comum, mesmo aquele jurídico, tende a pensar que de algum modo convém fazer mal ao homicida para indenizar o pai de Giuseppe. Eu considero esse ponto de vista equivocado e primitivo.

Minha querida, na carta anterior sobre a política, quando falávamos de liberdade nos referíamos exatamente a essa sensação subjetiva de ser livres. Se estou sofrendo gravemente, como ontem, não sou livre. Se alguém me amarrasse, eu não seria livre. Se não fosse ensinado a ler e a escrever a alguém, esse alguém seria menos livre do que se tivesse aprendido. Se tivesse um pouco de dinheiro no bolso para realizar os meus projetos, eu seria mais livre que se não os tivesse. Se pudesse exprimir as minhas opiniões sem correr riscos, eu seria mais livre que se não me fosse permitido. Essa liberdade, porém, não é absoluta. É sempre aquela subjetiva sobre a qual conversamos hoje.

De vez em quando aparece alguém que defende que a verdadeira liberdade seria aquela de fazer parte de um grande projeto histórico de realização de um escopo final: uma forma qualquer de Paraíso na Terra. Esse é um ponto de vista bastante perigoso. Certo é que muitas vezes os nossos projetos envolvem outras pessoas e a colaboração com os outros aumenta a nossa liberdade. Vamos nos manter, no entanto, longe de Mao, Hitler e Stalin que mataram dezenas de milhares de pessoas para "libertar" os seus povos.

É possível aceitar limitações à nossa liberdade em nome do bem comum somente se é clara a razão para a privação da liberdade, que de todo modo deve ser somente parcial. Em outras palavras, os vínculos não devem nunca ser arbitrários, como ao invés infelizmente sempre são sob as ditaduras.

Minha filha, quase terminei de escrever estas cartas. Mas faltam algumas poucas, que tentarei escrever nos próximos dias. Infelizmente a minha doença piora. Ou melhor, ela melhora e sou eu que, desafortunadamente, pioro. Mas encontrarei o quanto antes as forças para concluir este escrito para você.

Capítulo XXII
NÃO APENAS UMA FOLHINHA DE CAPIM. A POSSIBILIDADE

Caríssima, quando chove fico sempre um pouco mais triste. E hoje está caindo uma chuvinha de verão que cobre as casas e os prados. Fico, porém, maravilhado com o fato que eu possa lhe falar de campos e casas. Por que maravilhado? Você me perguntará. Uma folha de capim está logo ali, em meio ao campo. Ao invés, quando lhe digo: "Olha, minha querida, aquele capim no qual escorrem as gotas de chuva" sou eu que me refiro aquela folha de capim, que antes era simplesmente uma folha de capim. É fascinante que eu e você, que, do mesmo modo que a folha de capim, estamos aqui — não em meio ao campo porque chove, mas em casa — sejamos também capazes de falar da folha do capim. Você se lembra de quando discutimos sobre arte e notamos que alguns objetos do mundo, como as imagens e as letras, podem ter significado? Nós os percebemos e eles nos ajudam a pensar algo de diferente deles, isto é, eles se referem a alguma outra coisa. Para nós, de fato, a letra "A" não é somente uma mancha de tinta sobre uma folha de papel, mas também algo que remete ao som /a/. Obviamente essa capacidade de as manchas de tinta estarem para palavras, se nós não existíssemos, não existiria. Somos nós seres humanos, de fato, que atribuímos à letra "A" o seu significado. E isso porque somos capazes de nos referirmos ao que está fora de nós.

Eu me esforço para lhe contar essa coisa que é incrivelmente simples e óbvia, mas também incrível. Há mais de 4 bilhões de anos sobre a Terra não vivia ninguém. A vida não existia. Com o aparecimento dos primeiros seres vivos um pouco complexos por volta de 500 milhões de anos, desenvolveu-se algo de novo e misterioso, isto é, não existiam mais apenas pedregulhos e capim, mas também a capacidade de ver os pedregulhos e o capim. Os peixes mais antigos, agora extintos, os ostracodermes, que eram privados de mandíbulas e cobertos por uma espécie de couraça, provavelmente tinham já a capacidade de perceber o mundo externo. "Perceber" parece algo tão simples, mas é um fenômeno incrível. Se você olha no microscópio e vê uma grande ameba nadando, ao deixar cair uma pequeniníssima gota de ácido próximo dela, você verá que os pseudópodes, isto é as protuberâncias que a circundam, se deslocam automaticamente para evitar o ácido. Obviamente isso não é percepção, mesmo se consiste em uma reação ao mundo externo. Os primeiros peixes não apenas tinham uma série de reações involuntárias, como essa, mas possuíam também olhos simples e provavelmente estruturas nervosas que lhes permitiam antecipar o mundo que os circundava. Eis a palavra-chave: "antecipar".

A percepção é antecipação: quando um ser vivo percebe, ele não somente entra em contato com algo diferente dele, como fez também a ameba, mas ele espera algo. Por exemplo, quando, caminhando pela rua, você vê por trás os longos cabelos de Stefano, você tem a expectativa de observar logo depois também a cabeça e o seu rosto. Alguns seres vivos suficientemente complexos têm essa capacidade de antecipar a realidade, de modo que a percepção não seja simplesmente um choque como entre duas bolas de bilhar, mas seja um processo contínuo de antecipações (Epicuro as chamava de "prolepses", isto é, pré-noções), que podem ser confirmadas (satisfatórias) ou refutadas (infundadas).

Em outras palavras, os seres vivos que percebem *representam* a realidade. Os ostracodermes já tinham provavelmente essa capacidade, mas tudo leva a pensar que não tivessem consciência disso. Verossimilmente os primeiros seres vivos em parte conscientes da sua capacidade de representar a realidade, isto é, dotados daquilo que chamamos "autoconsciência", apareceram sobre a Terra "somente" há algumas dezenas de milhões de anos, com a chegada dos mamíferos complexos. A consciência somente se encontra plenamente desenvolvida no ser humano.

Voltemos à letra "A". A letra "A" é um pouco chata; é melhor que consideremos como estudo de caso uma palavra, por exemplo "chocolate". Se você encontra escrito "chocolate", lhe vem em mente o chocolate. Isso porque se formou uma regra implícita segundo a qual a palavra escrita "chocolate" está para o chocolate, aquele de tipo marrom escuro, cheio de cacau — mas não ao leite: "esse você não gosta!" Essa regra, sobre a qual todos aqueles que conhecem a língua portuguesa estão mais ou menos de acordo, transfere para o termo "chocolate" aquela capacidade de referenciar que é tipicamente humana. É como se nós déssemos uma alma para a escrita chocolate. Em outras palavras, nossa capacidade de representar a realidade, que nos permite falar dela, está também na base da língua e da escritura.

Minha querida, não há problema se você não compreendeu em profundidade essa argumentação. Também eu faço um grande esforço para me clarear as ideias. Mesmo porque, por enquanto, não possuímos uma boa explicação científica para toda essa série de fenômenos. Não sabemos como é que alguns animais, muito provavelmente, são capazes de perceber, e outros são até mesmo cientes de tais percepções, isto é, possuem um verdadeiro e próprio mundo interior. Isto significa que para falar de percepção e autoconsciência devemos usar a linguagem dos filósofos, que é mais vaga e aproximativa. Uma coisa, porém, é certa, nós não somos folhas de capim ou pedregulhos. Nós somos seres capazes de perceber e dotados de um mundo interior. E isto é maravilhoso e misterioso.

Quando percebemos, entramos em contato com algo e ao mesmo tempo antecipamos alguma outra coisa. No momento em que você vê o pote de geleia você antecipa o sabor. Eu sei que você não gosta de geleia. Tomemos, então, outro exemplo: o creme de amendoim! Não apenas você antecipa seu sabor, mas quando vê o pote de creme de amendoim, você *sabe* que o está vendo, ou seja, você está consciente dele. Podemos então dizer que o seu mundo interior tem sempre três níveis: o da percepção (1), que, por um lado, se abre para outras percepções, antecipando-as (2), e, por outro, se abre à consciência (3), de modo que a percepção do creme de amendoim solicita dentro de você uma série de reflexões: "Causa espinhas, mas como é gostoso. Por que mamãe nunca compra? Quando eu for morar sozinha, vou encher a geladeira de creme de amendoim!" Em outras palavras, na percepção nós entramos em contato com o mundo, antecipando outras percepções possíveis e inserindo aquela atual nos nossos pensamentos.

No pensamento, que acompanha nossas percepções, podemos também imaginar o que não existe. De fato, o ser humano é um animal dotado de "imaginação". Não só podemos representar a realidade para nós mesmos: estando essas representações na nossa consciência, torna-se possível pensar um mundo diferente. Assim, nossa capacidade de antecipar as percepções, unida à nossa consciência do que estamos percebendo, produz um rico mundo interior, no qual a imaginação desempenha um papel fundamental.

A imaginação pode ser "reprodutiva", quando pensamos no passado. Mas ela pode ser "produtiva", quando, por exemplo, nos ajuda a projetar o futuro, prospectando os cenários possíveis. Essa última, além disso, encontra-se na base da nossa capacidade de inventar e contar histórias. Não convém insistir: você que gosta tanto da literatura e do cinema de ficção, conhece bem o valor da imaginação!

Percepção e consciência fazem com que o ser humano seja acompanhado por um perene sentido de "possibilidade". Abrindo a porta da cozinha, você viu mamãe que tomava o café da manhã; todavia você poderia também ter visto um ornitorrinco chafurdando na pia. Estou de acordo: isso é pouco provável, mas você pode imaginar isso. Mais um exemplo: ontem você ficou com raiva de Stefano, porque ao invés de te dar como presente de aniversário um rubi, ele trouxe para você uma "mísera" esmeralda! Hoje, ao pensar melhor nisso, você se arrepende de ter gritado. Viu, você tem a capacidade de imaginar que as coisas poderiam ter acontecido diversamente. E isso é muito importante, pois influencia também suas expectativas em relação ao futuro.

Você ficou com raiva de Stefano e ele ficou desapontado, e, em seguida, você ficou com remorsos. Se você não tivesse ficado com raiva, e tivesse feito de conta que você tinha gostado da esmeralda, teria sido *melhor*?

"Melhor", essa é uma palavra-chave. As situações podem se desenvolver de modo diverso e pensando nelas podemos estabelecer qual teríamos preferido. Disso deriva também a nossa capacidade de avaliar as circunstâncias. Quero dizer que não existe somente um plano descritivo de como as coisas aconteceram, mas também um plano "normativo" no interior do qual se avaliam os acontecimentos. Nós humanos, dotados de percepção e autoconsciência, somos também capazes de formular uma moral, isto é, de raciocinar sobre os *prós* e *contras* do andar das coisas e, consequentemente, tentar nos comportar de modo mais adequado no futuro. Viu como o mundo interior enriquece enormemente a nossa vida?

Percepção, autoconsciência, antecipação, imaginação, sentido de possibilidade e plano normativo. Tudo isso caracteriza a nossa vida; e a filosofia lhe ensina, pelo menos um pouco, a compreender essas noções misteriosas e fascinantes. E como dizia Epicuro: "Que não espere o jovem para filosofar, e que o velho não se canse de fazê-lo; ninguém é muito jovem ou muito velho para a saúde da alma". Eu lhe escrevo a palavra *filosofar* também em grego antigo, uma língua que tem um alfabeto e um som esplêndido: φιλοσοφέω, se pronuncia "filosofeo".

Estou muito cansado infelizmente me resta pouco tempo de vida. Mas estou feliz em saber que o mundo seguirá adiante muito bem também sem mim. E neste mundo você desempenhará um papel belo e importante. Na verdade, estou saciado de dias e não deixo este mundo com arrependimentos. Certo, há ainda muitas coisas que eu poderia fazer e o apego à vida é grande. Mas tive a oportunidade de viver uma experiência única e extraordinária. Agora não tenho condições de contá-la para você. Quem sabe, nas próximas cartas.

OBRAS DE REFERÊNCIA

Abreviações

DK   G. Giannantoni (ed.), *I Presocratici. Testimonianze e frammenti*, Roma-Bari: Laterza, 1983; agora disponível também *on-line*: www.daphnet.org, no verbete "Ancient Philosophy".

E   Epicuro, *Opere*, aos cuidados de E. Bignone, Roma-Bari: Laterza,1977 (reimpresso várias vezes.)

ND   neoDemócrito

Prefácio

O melhor trabalho sobre Demócrito na língua italiana é LESZL, W., *I primi atomisti: raccolta di testi che riguardano Leucippo e Democrito*, Firenze, Olschki, 2009. É também muito útil, o trabalho monumental de LURIA, S., *Democrito*, Milano, Bompiani, 2007, mesmo se a tradução dos fragmentos nem sempre seja confiável. Em vez disso, em inglês, há o bom trabalho de TAYLOR,

C. C. W., *The Atomists: Leucippus and Democritus: Fragments*, Toronto, University of Toronto Press, 1999. Muito bom também o quadro geral proposto por Furley, D., *The Greek Cosmologists*, Cambridge, Cambridge University Press, 1987. Em nossos dias, porém, no âmbito do que conheço, falta um estudo global sobre o filósofo de Abdera. Convém notar que o nosso ND é inspirado não somente nos poucos fragmentos e testemunhos confiáveis do Demócrito antigo, mas, também, na tradição democritiana transmitida por Estobeu. Cf. também, as chamadas "Máximas de Demócrates": *Democrito: Massime*, a cura di Ruiu, G., La Vita Felice, Milano, 2011. Muito melhor é a situação com respeito a Epicuro; temos uma ótima edição italiana dos seus fragmentos: *Epicuro. Opere*, a cura di Arrighetti, G., Torino, Einaudi, ²1973. Contudo, para as referências utilizei a edição de Bignone (E) por ser de mais fácil consulta. Como estudo de conjunto temos o ótimo trabalho de Verde, F., *Epicuro*, Roma, Carocci, 2013.

1. Vigie a si mesma

O verbo "vigiar" figura efetivamente no título das cadernetas de anotações de trabalho de Croce, B. organizadas por Sasso, G., *Per invigilare me stesso. Taccuini di lavoro di Benedetto Croce*, Bologna, Il Mulino, 1989. Para a noção de esculpir a si mesmos cf. Plotino, *Enneadi*, Milano, Rusconi, 1992, p. 141-143, I 6, 9 7 ss. Por sua vez, a importância moral do hábito das boas práticas é sublinhada por Aristóteles, *Etica nicomachea*, Milano, Rizzoli, 1986, p. 143-147. Sobre Pirro, de quem pouco sabemos, cf. Russo, A., *Scettici antichi*, Torino, UTET, 1996, p. 57-111, que explica também a sua noção de *"afasia"*, e *Pirrone, Testimonianze*, texto e tradução editado por Decleva-Caizzi, F., Napoli, Bibliopolis, 1981. A suspensão do juízo, ou *epoché*, posteriormente adotada pelos céticos, é uma noção de origem estoica, que teve muito sucesso na fenomenologia de E. Husserl; ainda sobre isso cf. Russo, A., *Scettici antichi*, op. cit., e Spinelli, E., Sesto Empirico: iceberg scettico della nozione di ἐποχή, in: *Archivio di Filosofia*, 83, 2015, p. 193-207. A metáfora de subir nos ombros de gigantes pode ser atribuída primeiramente a Bernardo de Chartres e se encontra também em Newton: cf. esta bela postagem de *Sbagliando s'impera*, http://borislimpopo.com/2012/03/18/sulle-spalle-dei-giganti/. Relevante, também, a bela poesia de Primo Levi, *Delega*, que se inicia assim: "Non spaventarti se il lavoro è molto: / c'è bisogno di te che sei meno stanco" [*Não te assustes se o trabalho é muito: / ele precisa de ti que está menos cansado*].

2. Alguém nos vê. O Paraíso

O conceito de Paraíso no além nasce no interior de correntes heréticas do judaísmo antigo. Foi inserido no centro do ensinamento de Jesus de Nazaré e de Paulo de Tarso. O marxismo, pelo contrário, propõe a ideia de realizá-lo neste mundo; cf. por exemplo a XI tese de Marx sobre Feuerbach (1845): "Os filósofos somente *interpretaram* o mundo de diversos modos; trata-se agora de *transformá-lo*", acessível no endereço https://www.marxists.org/italiano/marx-engels/1845/3/tesi-f.htm. No século XX, sobretudo Bloch, H. *Il principio speranza*, Milano, Garzanti, 2005, insistiu nesse aspecto; devidamente criticado por Jonas, H., *Il principio responsabilità*, Torino, Einaudi, 1990. Quando ND se refere a pensadores declaradamente ateus, é possível que tenha em mente Michel Onfray. A primeira citação de Demócrito se encontra em DK, B 297, a segunda em B 80. O fato que da moralidade não decorra a felicidade é sublinhado com força por Kant, I., *Crítica da razão prática*, livro II, cap. 2, § 5. No Evangelho um testemunho importante sobre a ressurreição encontra-se em *Mateus*, 13,1-50. A distinção entre erro e errante circula nas *Carta aos Romanos* de Paulo e foi explicitada pelo Papa João XXIII na encíclica *Pacem in terris*, § 157. A terceira citação de Demócrito se encontra em DK, B 244.

3. Sorria sempre. A felicidade

As duas primeiras passagens de Demócrito estão em DK, B 200 e em B 230. ND acena para o fato de que os desejos primeiro produzem *dor* e depois, uma vez satisfeitos, *tédio*, um pensamento que se encontra em SCHOPENHAUER, A., *Il mondo come volontà e rappresentazione*, Milano, Mursia, 1969, p. 203; antes ainda no escritor inglese Samuel Johnson, *On the Spring* (1750), para quem deseja um aprofundamento indico a página http://grammar.about.com/od/classicessays/a/Of-Spring-By-Samuel-Johnson.htm. O tema da felicidade como realização de uma inteira vida está em ARISTÓTELES, *Ética a Nicômaco*, I, 6, 1098a18. O famoso DMS-5, isto é o mais autorizado manual de classificação das patologias mentais, considera a falta de interesse e prazer generalizada como uma das características-chave da depressão maior. Um clássico defensor da tese que a felicidade é viver no presente é, por exemplo, Horácio com o seu *carpe diem*, ou então, Lorenzo o Magnífico com o "Quem quer ser feliz, seja: sobre o amanhã não existe certeza". O exemplo do carrapato se encontra em VON UEXKÜLL, J., *Ambienti animali e ambienti umani. Una passeggiata in mondi sconosciuti e invisibili*, Macerata, Quodlibet, 2010, p. 50-51. A propensão ao risco e os cisnes negros são discutidos em TALEB, N. N., *Il cigno nero*, Milano, il Saggiatore, 2008. Sobre a não confiabilidade dos experimentos em psicologia cf. BAKER, M., Over Half of Psychology Studies Fail Reproducibility Test, in: *Nature*, 27th August 2015, http://www.nature.com/news/over-half-of-psychology-studies-fail-reproducibility-test-1.18248.

A célebre "escala de Cantril" que mede a satisfação dos cidadãos em função do PIB *pro capite* é visível na página internet http://www.keepeek.com/Digital-Asset-Management/oecd/economics/how-s-life/life-satisfaction-and-gdp-per-capita_9789264121164-graph123-en#page1. Um importante economista, que se ocupa do tema da felicidade, Luigino Bruni, discute de modo crítico e amplo a questão no seguinte link https://www.treccani.it/enciclopedia/economia-e-felicita_%28XXI-Secolo%29/. Um breve mas incisivo levantamento é também Keeping up with the Karumes, in: *Economist*, 31st October 2015, p. 70, http://www.economist.com/news/finance-and-economics/21677223-new-study-shows-money-can-buy-you-happinessbut-only-fleetingly-others. Sobre o efeito positivo do simples movimento dos músculos faciais que esboçam um sorriso cf. KAHNEMAN, D., *Pensieri lenti e veloci*, Milano, Mondadori, 2012, p. 60.

4. O mundo ainda existirá. A morte

A passagem de Epicuro está na *Carta a Meneceu*, 125, 5 ss. (E, p. 32); o mesmo pensamento pode ser encontrado em WITTGENSTEIN, L., *Tractatus logico-philosophicus*, § 6.4311. Sobre a relação entre nós e a morte, com particular atenção à sua "domesticação", ARIÉS, P., *Storia della morte in occidente*, Milano, Rizzoli, 1998. A relação entre morte e vida proposta por ND é discutida em MASSARENTI, A., *Istruzioni per rendersi felici*, Parma, Guanda, 2014, p. 28. A ideia proposta por ND de voltar os olhos para a vida que vem após a morte é uma versão simplificada e purificada por instâncias metafísicas do que exprime HEGEL, G. W. F. na *Fenomenologia dello Spirito*, Firenze, La Nuova Italia, 1960, como interpretado por KOJÈVE, A., *Introduzione alla lettura di Hegel*, Milano, Adelphi, 1996.

5. Esperar sem crer

A primeira frase de Demócrito se encontra em DK, B 292. A esperança é uma das três virtudes teologais segundo o cristianismo. Está no centro da reflexão de PASCAL, B. *Pensieri*, Cinisello Balsamo (MI), Edizioni Paoline, 1987, § 540 e passim, e de PÉGUY, C., *Il Portico del mistero della seconda Virtú*, Milano, Mondadori, 1993. O ataque de Felice Orsini a Napoleão III é narrado com riqueza de detalhes por CANDELORO, G., em *Storia dell'Italia moderna*, Milano, Feltrinelli, 1980, vol. IV, p. 282 ss. Paulo escreve na *Carta aos Romanos* (4,18), referindo-se a Abraão: "Ele teve fé esperando contra toda esperança". Paolo Attivissimo, jornalista científico, reuniu *on-line* muito material sobre as falsas crenças comumente enraizadas, http://www.attivissimo.net/. Já Descartes, nas *Meditações Metafísicas*, enfatiza fortemente o fato de que não temos boas razões para acreditar que corpo e mente estejam inextricavelmente ligados, mesmo que se intersectem intimamente. Hoje não podemos dar crédito ao argumento do *cogito*, a favor da separação da alma e do corpo, pois sabemos que a introspecção não é uma fonte absoluta de conhecimento, porém ainda não temos boas razões científicas para acreditar que a mente seja um produto do cérebro, cf. NAGEL, T., Conceiving the Impossible and the Mind-Body Problem, in: *Philosophy*, 73, 1998, p. 337-352.

6. Procurar Deus

É claro que ND é um leitor atento das Escrituras judaico-cristãs, das quais tira sua reflexão sobre Deus, especialmente do livro de *Jó*. Outros textos que podem tê-lo influenciado são: HUME, D., *La religione naturale*, Roma, Editori Riuniti, 2006, NIETZSCHE, F., *Cosí parlò Zarathustra*, Milano, Adelphi, 1976, e

BONHOEFFER, D., *Resistenza e resa*, Cinisello Balsamo (MI), Edizioni Paoline, 1988.

7. O prazer inofensivo de conhecer. A ciência

O início da carta é retirado de DESCARTES, R., Il discorso sul metodo, in: *Opere philosophiche*, Torino, UTET, 1981, p. 151 e HUME, D., *Ricerche sull'intelletto umano e i principi dela morale*, Bari, Laterza, 1968, p. 9. No início da *Terceira Carta a Velseri*, datada de 1612 (http://www.astrofilitrentini.it/mat/testi/galileo/08c.html), Galileu observa que "experimentar a essência" das "substâncias naturais" é um empreendimento vão; por outro lado, é preciso contentar-se em ter notícias sobre "algumas de suas impressões". Por outro lado, a ideia de um conhecimento direto das coisas baseado em uma espécie de intuição da essência foi reproposta com força por toda a escola de Brentano. Ver FANO, V., *La filosofia dell'evidenza*, Bologna, CLUEB, 1993. A citação de Demócrito está em DK, B 8. O ponto de vista relativista sobre o conhecimento foi defendido com determinação, por exemplo, por RORTY, R., *La filosofia e lo specchio della natura*, Milano, Bompiani, 2004. Já a cognoscibilidade do mundo é defendida com clareza por MARCONI, D., *Per la verità*, Torino, Einaudi, 2007. Sobre a "transparência" da percepção ("a neve está lá fora"), cf. CALABI, C., *Filosofia della percezione*, Roma-Bari, Laterza, 2009, p. 42 ss. O modelo de explicação científica que ND propõe é o que se denomina "nomológico-inferencial", elaborado por HEMPEL, C. G., *Aspetti della spiegazione scientifica*, Milano, il Saggiatore, 1986, que também defendeu a unidade substancial do método científico. A referência a Epicuro está na *Carta a Pitocles*, 86, 6 ss. (E, p. 65). A importância de alterar hipóteses e falseá-las foi sublinhada por POPPER, K. R., *La logica della scoperta scientifica*, Torino, Einaudi, 1970. A passagem de Demócrito está em DK, A 35a.

Foi o filósofo inglês Bertrand Russell quem observou, em 1933, discutindo o advento do nazismo na Alemanha, que o mundo está cheio de tolos autoconfiantes e de intelectuais cheios de dúvidas, http://russell-j.com/0583TS.HTM; por outro lado KRUGER, J. e DUNNING, D., Unskilled and Unaware of It, in: *Journal of Personality and Social Psychology*, 77, 1999, p. 1121-1134, http://www.jerwood-no.org.uk/pdf/Dunning%20Kruger.pdf, verificaram empiricamente que quanto mais incompetente se é, mais se acredita estar certo e vice-versa.

8. Uma experiência universal. A matemática

PAOLI, F., *Didattica della matematica: dai tre agli undici anni*, Roma, Carocci, 2014, expõe uma abordagem construtivista do ensino da matemática que certamente inspira as simpatias de ND; cf. também LOCKHART, P., *Contro l'ora di matematica*, Milano, Rizzoli, 2009. Sobre o problema do que justifica a universalidade da matemática, ver PANZA, M. e SERENI, A., *Il problema di Platone*, Milano, Carocci, 2010. Para uma visão geral elementar dos novos conceitos da matemática, ver DEVLIN, K., *Dove va la matematica*, Torino, Bollati Boringhieri, 2013. Sobre o infinito, ver FANO, V., *I paradossi di Zenone*, Roma, Carocci, 2012, p. 67-86. Sobre as origens da matematização, ver HUSSERL, E., *La crisi delle scienze europee e la fenomenologia trascendentale*, Milano, il Saggiatore, 2015, § 9 e seu apêndice. Sobre o conceito de demonstração, ver LOLLI, G., Morte e resurrezione della dimostrazione, in: *Le Scienze*, 345, maio de 1997, p. 50-57. Sobre a incompletude da aritmética demonstrada pelo matemático austríaco Kurt Gödel, cf. BERTO, F., *Tutti pazzi per Gödel*, Laterza, Roma-Bari, 2008.

9. Matéria que calcula. A informática

O famoso artigo de Turing *On Computable Numbers with an Application to the Entscheidungsproblem* apareceu na revista "Proceedings of the London Mathematical Society", 42, 1936, p. 230-265, pode ser facilmente baixado da web (https://www.cs.virginia.edu/~robins/Turing_Paper_1936.pdf); o exemplo da criança que calcula está no § 9. Em vez disso, *Computing Machinery and Intelligence* aparece em "Mind", 49, 1950, p. 433-460, https://www.csee.umbc.edu/courses/471/papers/turing.pdf. Um dos mais brilhantes defensores da tese de que a inteligência humana é computacionalmente representável é HOFSTADTER, D., *Gödel, Escher, Bach. Un'eterna ghirlanda brillante*, Adelphi, Milano, 1990. A ideia de que toda a subjetividade humana pode ser interpretada como uma computação é claramente defendida por FODOR, J., *The Language of Thought*, Cambridge, Harvard University Press (MA), 1975. A crítica clássica a essa visão baseada na experiência fenomênica se encontra em *Che cosa si prova a essere un pipistrello*, publicado em 1974 na "Philosophical Review", 83, p. 435-450, http://web.dfc.unibo.it/paolo.leonardi/materiais/fdlm/Nagel%20Pipistrello.pdf. Em vez disso, a crítica baseada na compreensão é de SEARLE, J., La mente è un programma?, in: *Le Scienze*, n. 259, marzo 1990, p. 16-21, http://download.kataweb.it/mediaweb/pdf/espresso/sciences/1990_259_1.pdf. O argumento da impossibilidade de um conhecimento certo da computação que nos representaria está em FANO, V. e GRAZIANI, P., Gödel and the Fundamental Incompleteness of Human Self-knowledge, in: *L&PS — Logic and Philosophy of Science*, 9, 2011, p. 263-274, https://www2.units.it/episteme/L&PS_Vol9No1/L&PS_Vol9No1_2011_23_Fano-Graziani.pdf. A noção de informação é a de SHANNON, C. E., A Mathematical Theory of Communication, in: *Bell System Technical Journal*, July-October 1948, p. 379-423, 623-656. A ideia do computador como processador de informações já era evidente no documento fundamental de VON NEUMANN, J., First Draft of a Report on EDVAC, in: *Moore School of Electrical Engineering. University of Pennsylvania*, 30th June 1945, http://www.virtualtravelog.net/wp/wp-content/media/2003-08-TheFirstDraft.pdf. A passagem de Demócrito está em DK, B 185, a tradução foi ligeiramente revista.

10. A realidade do invisível. A física

Em geral, sobre as explicações físicas de muitos fenômenos da vida cotidiana, cf. FEYNMAN, R. P., *La fisica di Feynman*, Bologna, Zanichelli, 2008. Sobre o "realismo científico", isto é, a tese de que existem entidades invisíveis conjecturadas pela física, cf. FANO, V. *Comprendere la scienza*, Napoli, Liguori, 2005, cap. 5. A dúvida sobre tudo o que percebemos encontra-se na primeira das *Meditações metafísicas* de Descartes. JOHNSON, S., On the Spring (1750), in: *Samuel Johnson: Rasselas, Poems and Selected Prose*, ed. B. H. Bronson, London, Holt, Rinehart and Winston, 1958, p. 69, escreve: "Para cada corpo em toda a criação, se mil vidas fossem gastas nele, nem todas as suas propriedades seriam encontradas". A centralidade do uso de modelos na ciência tornou-se um importante tópico de discussão nos últimos cinquenta anos: o primeiro a falar sobre isso foi talvez HERTZ, H., *I principi della meccanica*, Pavia, La Goliardica pavese, 1996; o trabalho, no entanto, remonta a 1895. Sobre o tempo na física, FANO, V. e TASSANI, I., *L'orologio di Einstein*, Bologna, CLUEB, 2002. Sobre os átomos em Demócrito: FANO, V., *I paradossi di Zenone*, Roma, Carocci, 2012, cap. 4. Sobre o mundo microscópico, ver GHIRARDI, G. C., *Un'occhiata alle carte di Dio*, Milano, il Saggiatore, 1996. Sobre a cosmologia, cf. BERGIA, S., *Dialogo sul sistema dell'universo*, Milano, McGraw-Hill, 2002. A citação seguinte de Demócrito está em DK, B 118. A de Epicuro está nas *Máximas capitais*, XI, 142, 10 ss. (E, p. 37). Uma boa comparação sobre este ponto entre Epicuro e Demócrito é encontrada na tese de MARX, K., *Democrito e Epicuro*, Firenze, La Nuova Italia, 1979, cap. III.

11. O sal se dissolve na água. A química

A passagem de Demócrito está em DK, B 25. A de Epicuro está nas *Máximas capitais*, XXIII, 146, 8 ss. (E, p. 39). Do ponto de vista técnico, sobre a construção eletrônica dos átomos cf. COULSON, C. A., *La valenza*, Bologna, Zanichelli, 1955; mais recente e narrativo é KEAM, S., *Il cucchiaino scomparso*, Milano, Adelphi, 2012. O grande poeta alemão Goethe escreveu um romance — *As afinidades eletivas* — inspirado na descoberta química de que um terceiro reagente pode minar a ligação entre dois átomos. Sobre a redução da química à física, ver SCERRI, E. R., The Ambiguity of Reduction, in: *Hyle*, 13, 2007, p. 67-81, http://www.hyle.org/journal/issues/13-2/scerri.htm. Sobre o uso confuso dos termos "natural" e "químico", ver PASCALE, P., *Scienza e sentimento*, Torino, Einaudi, 2008.

12. Somos todos vencedores. A biologia

A passagem de Demócrito está em DK, B 154. Sobre a história da lenta afirmação da química pela explicação biológica, cf. capítulos 11, 12, 33 e 34 escritos por FANTINI, B., no volume II da *História da Ciência Moderna e Contemporânea*, organizado por ROSSI, P., Milano, TEA, 2000. Uma das formulações mais claras da redução da biologia à biologia molecular é a de MONOD, J., *Il caso e la necessità*, Milano, Mondadori, 2001; o ponto de vista oposto é sustentado hoje por poucos, cf. porém Canguilhem, G., *La conoscenza della vita*, Bologna, Il Mulino, 1976; sobre esta questão, *Filosofia e scienze della vita*, organizado por Boniolo, G. e Giaimo, S., Milano, Bruno Mondadori, 2008, cap. 13. Uma breve e clara apresentação da teoria da evolução é aquela de Pievani, T., *La teoria dell'evoluzione*, Bologna, Il Mulino, 2006. Para entender em profundidade a teoria, no entanto, seria necessário estudar o tratado muito complexo de Rice, S. H., *Evolutionary Theory. Mathematical and Conceptual Foundations*, Sunderland (MA), Sinauer, 2004. Os autores que sublinham os problemas não resolvidos da evolução são sobretudo Eldredge, N., *Le trame dell'evoluzione*, Milano, Cortina, 1999, e Gould, S. J., *La struttura della teoria dell'evoluzione*, Torino, Codice, 2003. O crítico de maior autoridade dessa teoria é Stuart Kauffman; sobre ele, cf. Di Bernardo, M. e Saccoccioni, D., *Caos, ordine e incertezza in epistemologia e nelle scienze naturali*, Milano, Mimesis, 2012. Sobre as origens da vida, ver Dyson, F. J., *Origini della vita*, Torino, Bollati Boringhieri, 2002.

13. Agora levanto um braço. A psicologia

A passagem de Demócrito está em DK, B 149. O livro que deu a conhecer ao grande público as terapias farmacológicas da depressão é o de Casano, G. B. e Zoli, S., *E liberaci dal male oscuro*, Milano, TEA, 2002. Em 1983, foi traduzido para a língua italiana o *Manuale diagnostico e statistico dei disturbi mentali*. DSM-III, Milano, Masson, que entrou progressivamente na prática médica. Hoje um excelente guia para a psicologia na vida cotidiana é o livro de Goleman, D., *Intelligenza emotiva*, Milano, Rizzoli, 1997, que substituiu Dacò, P., *Che cosa è la psicologia*, Milano, Rizzoli, 1982. Sobre a relação entre psicofármacos e sociedade moderna, cf. Ehrenberg, P., *La fatica di essere se stessi*, Torino, Einaudi, 2010. Sobre as origens das doenças de estresse, cf. Sapolsky, R. M., *Perché le zebre non hanno l'ulcera*, Milano, LIT, 2006. Sobre o problema mente-corpo, ver Kim, J., *La mente e il mondo físico*, Milano, McGraw-Hill, 2000. Sobre a consciência, ver Gozzano, V., *La coscienza*, Roma, Carocci, 2009. Sobre o método da psicologia, cf. Battacchi, M. W., *La conoscenza psicologica*, Carocci, Roma, 2006. A primeira citação de Epicuro está na *Carta a Meneceu*, 129, 1 ss. (E, p. 32). A segunda é reportada por Diógenes Laércio em sua *Vida de Epicuro, Carta a Idomeneu*, 52 (E, p. 122-123).

14. Um beijo afetuoso. A sociologia

O exemplo da universidade encontra-se em Ryle, G. *Il concetto di mente*, Roma-Bari, Laterza, 2007, § 1, p. 2. O defensor da ideia de que as instituições sociais à sua maneira são realidades objetivas é Hegel com sua tese sobre o "espírito objetivo", retomada direta ou indiretamente por inúmeros estudiosos: Marx, Dilthey, Durkheim, Saussure, Lévi-Strauss, Luhmann etc.; criticada com clareza exemplar por Weber, M., *Il metodo delle scienze storico-sociali*, Torino, Einaudi, 1958. Uma interpretação eficaz dos mecanismos sociais de auto-organização é Buchanan, M., *L'atomo sociale*, Milano, Mondadori, 2008. Sobre o caráter inextricavelmente relacional de algumas situações paradoxais entre as pessoas, cf. Watzlawick, P.; Beavin, J. H. e Jackson, D. D., *La pragmatica della comunicazione umana*, Roma, Astrolabio, 1971. Sobre as tragédias do nazismo e do comunismo, cf. Arendt, H., *Le origine del totalitarismo*, Torino, Einaudi, 2004. A sensação de impotência do indivíduo nas democracias de massa é um tema recorrente da literatura e da ensaística: Riesman, D., *La folla solitaria*, Bologna, Il Mulino, 2009; uma das respostas mais interessantes para este problema é a de Arendt, H., *Vita activa*, Milano, Bompiani, 1991. Sobre o efeito "necrópole" na festa, cf. BUCHANAN, M., *L'atomo sociale*, cit., p. 3 ss. KELSEN, H., *Società e natura*, Torino, Bollati Boringhieri, 1992, destacou a relação entre a noção de causalidade e a de responsabilidade. Sobre as redes e os vínculos fracos, ver BUCHANAN, M., *Nexus*, Milano, Mondadori, 2003.

15. Quanto custa um sapo? A economia

Sobre a incrível ignorância financeira do homem comum, ver Teacher, Leave Them Kids Alone, in: *Economist*, 16th February 2013, http://www.economist.com/news/finance-and-economics/21571883-financial-education-has-had-disappointing-results-past-teacher-leave-them. Os dados sobre a dívida estão disponíveis *on-line*; aqui está uma métrica constante da dívida pública mundial, http://www.economist.com/content/global_debt_clock, que, no entanto, não inclui a dívida privada. A importância do aspecto dinâmico na economia emerge na obra de SCHUMPETER, J. A., *Teoria dello sviluppo economico*, Milano, ETAS, 2002. JOHNSON, S., *Samuel Johnson: Rasselas, Poemas e Prosa Selecionada*, London, ed. B. H. Bronson, Holt, Rinehart and Winston, 1958, cap. XLVII, p. 567-568, observa que "Ninguém é feliz, senão pela antecipação da mudança". Sobre a crise financeira de 2008 cf. FRIEDMAN, T. L., *Caldo, piatto e affolato*, Milano, Mondadori, 2009, primeira parte. A noção de decrescimento sereno rejeitada pelo ND é proposta por LATOUCHE, S., *Breve trattato della decrescita serena*, Torino, Bollati Boringhieri, 2007. Sobre o "desenvolvimento humano" cf. http://hdr.undp.org/en. Na Itália, um centro sério de estudos sobre avaliação numérica da qualidade de vida é Sbilanciamoci; cuja página na Internet é http://www.sbilanciamoci.org/quars/, é possível baixar trabalhos interessantes sobre o assunto. No entanto, deve-se dizer que para uma correta avaliação de um índice de bem-estar é necessário usar os métodos da análise regressiva, e não estabelecer entre quatro paredes o que causa bem-estar nas pessoas; ver, por exemplo, CLARK, A. E. e OSWALD, A. J. A Simple Statistical Method for Measuring How Life Events Affect Happiness, in: *International Journal of Epidemiology*, 31, 2002, p. 1139-1144. Sobre a incapacidade da economia prever o futuro, ver GALBRAITH, J. K., *Storia dell'economia*, Milano, Rizzoli, 1990, p. 13, e em geral TALEB, N. N., *Il cigno nero*, Milano, il Saggiatore, 2007. Mais técnico, BOOKSTABER, R., *The End of Theory: Financial Crises, the Failure of Economics and the Sweep of Human Interaction*, Princeton, Princeton University Press, 2017. Sobre a contraposição entre uma economia da doação e a da troca, cf. POLANYI, K., *La grande trasformazione*, Torino, Einaudi, 2010. Sobre a doação, ver MAUSS, M., *Saggio sul dono*, Torino, Einaudi, 2002. Sobre o crescimento das desigualdades, ver PIKETTY, T., *Il capitale nel XXI secolo*, Milano, Bompiani, 2014. A metáfora dos dois cavalos e do cocheiro é de PLATÃO, *Fedro*, 246 B ss. Existem alguns teoremas importantes da economia do bem-estar que mostram como em circunstâncias ideais a redistribuição da riqueza diminui seu valor total. No entanto, isso também é verdade do ponto de vista empírico: OSTRY, G. D.; BERG, A. e TSANGARIDES, C. G. Redistribution, Inequality and Growth, in: *IMF Staff Discussion Notes*, 2014, http://www.imf.org/externo/pubs/ft/sdn/2014/sdn1402.pdf. A frase "a cada um conforme a necessidade", tornada famosa por Marx, é encontrada no Novo Testamento (At 4,35). DUCKWORTH, A., *Grit. The Power of Passion and Perseverance*, New York, Scribner, 2016, sustenta com bons argumentos a importância do compromisso e do envolvimento emocional para alcançar o sucesso. Sobre a educação para um ótimo autocontrole, ver MISCHEL, W., *The Marschmallow Test*, London, Penguin, 2014. Sobre a noção de pobreza, cf. SEN, A., *Lo sviluppo è libertà*, Milano, Mondadori, 1999, cap. 4. A citação de Demócrito está em DK, B 242. A fábula da lebre e da tartaruga é de Esopo. Entre aqueles muitos que destacaram o problema da burocracia nas economias centralizadas, ver Von Mises, L., *Burocrazia*, Soveria Mannelli, Rubbettino, 2011. A citação de Demócrito está em DK, B 222; sobre o pensamento econômico do filósofo atomista, cf. Spinelli, E., "Ploutos" e "penie": il pensiero economico di Democrito, in: *Philologus*, 135, 1991, p. 290-319, http://www.lettere.uniroma1.it/sites/default/files/649/spinelli_philologus.pdf. O exemplo do "açougueiro" e a noção de "mão invisível" são propostos por Smith, A., *La ricchezza delle nazioni*, Roma, Newton, 1995. O verbete "Monopolio" do dicionário "Treccani online" é muito útil, http://www.treccani.it/enciclopedia/monopolio/. O exemplo do "poço" é uma forma do "dilema do prisioneiro"; aqui se encontrará uma discussão a esse respeito: http://areeweb.polito.it/didattica/polymath/htmlS/Interventi/Articoli/DilemmaPrigioniero/DilemmaPrigioniero.htm. Sobre a estratégia "tit-for-tat", cf. Axelrod, R., *Giochi di reciprocità, l'insorgenza della cooperazione*, Milano, Feltrinelli, 1985. Sobre o efeito "supermercado", cf. Buchanan, M., *L'atomo sociale*, Mondadori, Milano, 2008, p. 78 ss. A citação de Epicuro está na *Carta a Meneceu*, 129, 5 ss. (E, p. 33).

16. O homem das probabilidades

A expressão "a probabilidade é para nós um guia para a vida" remonta a Butler, J. teólogo inglês do século XVIII, *Analogy of Religion*, London, Henry C. Bohn, 1852, p. 73. A interpretação do conceito de probabilidade como grau de confiança subjetiva deve-se principalmente a De Finetti, B., *La logica dell'incerto*, Milano, Il Saggiatore, 1989. Sobre a origem do conceito de probabilidade, cf. Hacking, I., *L'emergenza della probabilità*, Milano, il Saggiatore, 1995. Sobre o duplo conceito de probabilidade, cf. Costantini, D., *Fondamenti della pro-*

babilità, Milano, Feltrinelli, 1970. A citação de Epicuro está nas *Sentenze Vaticane*, XXVII (E, p. 85). Na página da internet http://www.ripmat.it/mate/l/lc/lc.html é possível encontrar uma introdução simples ao cálculo das probabilidades. Para a noção probabilística de causa comum, cf. FANO, V., *Comprendere la scienza*, Napoli, Liguori, 2005, p. 22-23. O exemplo de riqueza, educação e emancipação das mulheres está em SEN, A., *Lo sviluppo è libertà*, Mondadori, Milano, 1999, p. 219 e passim; a emancipação feminina é medida com base no controle da natalidade, na mortalidade infantil e na disparidade entre novos nascimentos masculinos e femininos. A frase "Dê palavras à sua dor; a dor que não fala sussurra ao coração que está muito inchado e o convida a despedaçar-se" é de SHAKESPEARE, Macbeth, ato IV, cena III, extraída de CANCRINI, L., *Date parole al dolore*, Segrate, Frassinelli, 2003, um livro sobre a depressão, que, porém, é fortemente contra o tratamento farmacológico. Sobre os acordos implícitos entre as pessoas e as soluções dos conflitos, cf. SCHELLING, T., *Strategia del conflitto*, Milano, Bruno Mondadori, 2006. Sobre o conceito de probabilidade condicionada, FANO, G., *Istituzioni di matematiche II*, Bologna, Pitagora, 1993, p. 219 ss. Sobre a noção de utilidade esperada, cf. RESNIK, M. D., *Scelte*, Padova, Muzzio, 1999, p. 74 ss. Na verdade, parece que quanto mais rico você é, menos está atento às emoções dos outros: KRAUS, M. W.; CÔTE, S. e KELTNER, D., Social Class, Contextualism and Empathic Accuracy, in: *Psychological Science*, 21, 2010, p. 1716-1723. O exemplo do frango é do poeta satírico Carlo Alberto Salustri (1871-1950), conhecido como Trilussa, que termina o seu poema *A estatística*, escrito em dialeto romanesco, com os seguintes versos: "Secondo le statische d'adesso / risurta che te tocca um pollo all'anno: / e, se nun entra nelle spese tue, / t'entra ne la statistica lo stesso / perch'é c'è un antro che ne magna due" [*Segundo as estatísticas de agora / resulta que tens direito a um frango por ano: / e, se este não entra em tuas despesas, / pela estatística ele entrou do mesmo jeito / pois há um buraco que come por dois*].

17. Conhece-te a ti mesma. As ilusões

O viés da complacência é claramente descrito por MOTTERLINI, M., *Trappole mentali*, Milano, Rizzoli, 2008, p. 38 ss. A citação de Pirro está em DIÓGENES LAERCIO, *Vida de Pirro*, IX, 81. Já tínhamos visto que Demócrito defende em DK, B 8 que pelo menos um pouco convém confiar nos sentidos, contra o que, em vez disso, defende Descartes na *Primeira* de suas *Meditações Metafísicas*. O seguir a maioria foi mostrado em uma famosa série de experimentos de ASCH, S. E., *Psicologia sociale*, Torino, SEI, 2003. O experimento sobre a hierarquia coube, por sua vez, a um aluno de Asch, a saber, MILGRAM, S., *Obbedienza all'autorità. Uno sguardo sperimentale*, Torino, Einaudi, 2003; este experimento foi sugerido pelas respostas do diretor de Auschwitz, o hierarca nazista Eichmann, durante o julgamento a que foi submetido em 1961 em Jerusalém, isso foi reportado por ARENDT, H., *La banalità del male*, Milano, Feltrinelli, 2013. O exemplo da generalização do assediador magrebino está em TALEB, N. N., *O cisne negro*, Milano, il Saggiatore, 2007, p. 72; sobre as falácias, cf. COPI, A. e COHEN, C., *Introduzione alla logica*, Bologna, Il Mulino, 1999, cap. 3 e PAOLI, F.; PORCELLA, C. C. e SERGIOLI, G., *Ragionare nel quotidiano*, Milano, Mimesis, 2012. A nossa busca excessiva por confirmações foi demonstrada na década de 60 por Peter C. Wason; cf. MOTTERLINI, M., op. cit., p. 230 ss. O medo dos extremos é explicado por ele em ID., *Economia emotiva*, Milano, Rizzoli, 2006, p. 32 ss. Para a ancoragem, por sua vez, cf. *Trappole mentali*, op. cit., p. 21 ss. O exemplo da medicina se encontra em MOTTERLINI, M. e CRUPI, V., *Decisioni mediche*, Milano, Cortina, 2005, p. 115 ss. Para a falácia da carona, cf. PAOLI, PORCELLA, SER-

GIOLI, *Ragionare nel quotidiano*, op. cit., p. 154. Em retrospectiva, cf. novamente *Trappole mentali*, op. cit., p. 129 ss. Para a última das ilusões, o *wishful thinking*, ivi., p. 244 ss.

18. Não dados, mas resultados. A história

A ideia de que o tempo é uma medida de movimento vem de ARISTÓTELES, *Física*, IV, 11, 219b1. Platão, por outro lado, introduz uma noção de tempo independente do movimento, a saber, a de "eternidade", *Timeu*, 37D 5, retomada por Newton no *Scolio generale* ai *Principi matematici della filosofia naturale*, e questionada, porém, pelas teorias relativistas do século XX. Uma apresentação eficaz das teorias relativistas é a de PENROSE, R., *La mente nuova dell'imperatore*, Milano, Rizzoli, 2000, p. 248 ss.; sobre o tempo, cf. DORATO, M., *Che cos'é il tempo*, Roma, Carocci, 2013. Sobre a biblioteca de Frederico, cf. PERUZZI, M., *Cultura, potere, immagine: la biblioteca di Federico di Montefeltro*, Urbino, Accademia Raffaello, 2004. Sobre Commandino, cf. GAMBA, E. e MONTEBELLI, V., *Le scienze a Urbino nel tardo Rinascimento*, Urbino, Montefeltro, 2007. Sobre Arquimedes no Renascimento, cf. a página na internet, http://www.treccani.it/enciclopedia/il-rinascimento-verso-una-nuova-matematica_(Storia_della_Scienza)/. Sobre o método da história, ver WEBER, M., *Il metodo delle scienze storico-sociali*, Torino, Einaudi, 1958. A distinção entre as ciências naturais que buscam leis e a história que se ocupa de eventos singulares remonta a WINDELBAND, W., *Geschichte und Naturwissenschaft*, disponível em http://www.hs-augsburg.de/~harsch/germanica/Chronologie/19Jh/Windelband/win_rede.html. Para a história da paisagem italiana, ver SERENI, E., *Storia del paesaggio agrario italiano*, Roma-Bari, Laterza, 1974. Sobre a causalidade na historiografia, cf. DI NUOSCIO, E., *Tucidide come Einstein*, Soveria Mannelli, Rubbettino, 2004, cap. 4. Sobre a importância da experiência, ao invés, ver DILTHEY, W., *Critica della ragione storica*, Torino, Einaudi, 1954. No primeiro capítulo das *Aventuras de Huckelberry Finn*, o menino não consegue entender porque ele deveria se interessar por Moisés, já que ele estava morto! JOHNSON, S., *Samuel Johnson: Rasselas, Poems and Selected Prose*, London, ed. B. H. Bronson, Holt, Rinehart e Winston, 1958, cap. XXX, p. 605, responde indiretamente que a história ajuda a conhecer o homem. Que toda realidade não é algo dado, mas o resultado de um processo é um dos pontos centrais da filosofia de Hegel. A interpretação teleológica da história do mundo na tradição judaico-cristã é bem representada por Agostinho, *La città di Dio*, Milano, Bompiani, 2000; a ideia de uma providência intrínseca da história está presente em VICO, G., *La scienza nuova*, Milano, Rizzoli, 1963, e em HEGEL, G. W. F., *Lezioni sulla filosofia della storia*, Roma-Bari, Laterza, 2003; a transformação desse ponto de vista no conceito de progresso se encontra em DE CONDORCET, J. A. N. C., *I progressi dello spirito umano*, Roma, Editori Riuniti, 1995, e em COMTE, A., *Corso di filosofia positiva*, Milano, Mondadori, 2008, lição 51. Em relação ao ponto de vista comunista, cf. MARX, K. e ENGELS, F., *Manifesto del Partito Comunista*, Roma, Editori Riuniti, 1968. Um questionamento radical desses pontos de vista se encontra em NIETZSCHE, F., *Sull'utilità e il danno della storia per la vita*, Milano, Adelphi, 1979. Sobre tudo isso, cf. LÖWITH, K., *Significato e fine della storia*, Milano, il Saggiatore, 2010. Uma discussão clara e aprofundada acerca das regras *maximin* e *maximax* pode ser encontrada em RESNIK, M. D., *Scelte*, Muzzio, Padova, 1990, p. 43 ss. A citação de Epicuro está na *Carta a Meneceu*, 127, 5 ss. (E, p. 33). Para a crítica à ideia do menos pior, cf. GRAMSCI, A., *Quaderni del carcere*, Torino, Einaudi, 1993, Q. 16 (1933-1934), *Il male minore o il meno peggio*, p. 1898. O sentido "darwiniano" da história é ilustrado por KUHN, T., *La struttura delle rivoluzioni scientifiche*, Einaudi, Turim, 1995, p. 205, em relação ao progresso científico. A imagem do anjo da história é de BENJAMIN, W., *Angelus novus*, Torino, Einaudi, 1995, p. 80.

19. Ocupam muito espaço e são inúteis. A arte

A metamorfose de Kafka pode ser lida na página da internet http://www.rodoni.ch/KAFKA/metamorfose.html. O uso da arte como forma de autoconhecimento é sublinhado por GOODMAN, N., *I linguaggi dell'arte*, Milano, il Saggiatore, 2008. O conceito de literatura como catarse das emoções é de ARISTÓTELES, *Poética*, 1449b28. Para CROCE, B., *Aesthetica in nuce*, Bari, Laterza, 1964, a arte é uma "contemplação de um sentimento" e, portanto, para o seu próprio autor, ainda mais do que para o usuário, é catártica. O artista alemão Joseph Beuys (1921-1986) foi talvez um dos primeiros a enfatizar fortemente o papel social da arte com seu famoso slogan "Todo homem é um artista". Sobre a importância estética das artes de massa, ver ECO, U., *Apocalittici e integrati*, Milano, Bompiani, 2001. O conceito de "ponto" na análise das artes figurativas foi introduzido por BARTHES, R., *Camera chiara*, Torino, Einaudi, 2003. Para a música como tempo, cf. EGGEBRECHT, H. H., Musica come tempo, in: *Il saggiatore musicale*, 1998, http://box.dar.unibo.it/muspe/wwcat/period/saggmus/attivita/doc/musica.html. Sobre o cinema, ver BENJAMIN, W., *L'opera d'arte nell'epoca della sua riproducibilità tecnica*, Torino, Einaudi, 1966. Sobre a essência da obra de arte, cf. INGARDEN, R., *Fenomenologia dell'opera letteraria*, Milano, Silva, 1968. Sobre a capacidade simbólica, cf. PEIRCE, C. S., *Semiotica*, Torino, Einaudi, 1980. A citação de Demócrito está em DK, B 247. Sobre a arte como conhecimento da subjetividade insiste muito GADAMER, H. G., *Verità e metodo*, Milano, Bompiani, 2000, retomando DILTHEY, W., *Critica della ragione storica*, Torino, Einaudi, 1954. Sobre a diferença entre a arte do mundo pré-industrial e seus ritmos lentos e aquela contemporânea, ver MARCUSE, H., *L'uomo a una dimensione*, Torino, Einaudi, 1967, p. 78.

20. Não se deixe levar pelos belos argumentos. A política

A primeira citação de Demócrito está em DK, B 259. A segunda citação está em DK, B 254, mas na tradução de LURIA, S., *Democrito*, Milano, Bompiani, 2007, p. 749; este ponto de vista lembra o conceito de "anti-seleção ética" proposto por VOGHERA, G., *Pamphlet postumo*, Trieste, Edizioni Umana, 1967. A noção de "homem novo" remonta pelo menos a Paulo de Tarso, *Carta aos Efésios*, 4,20. Foi um conceito importante do Futurismo e Intervencionismo antes da Grande Guerra (1915-1918). Também assumida pelo fascismo no primeiro período pós-guerra. A isso, o comunismo italiano contrapôs "L'ordine nuovo", um jornal fundado por A. Gramsci em 1º de maio de 1919, http://www.centrogramsci.it/riviste/nuovo/order%20nuovo%20p1.pdf; ambas as formas de "inovacionismo" são criticadas por ND. O próximo fragmento de Demócrito é DK, B 122b que, porém, adaptamos às nossas necessidades, negligenciando sua difícil interpretação. O conhecedor de ND é provavelmente o professor de psicologia da Universidade de Urbino Mario Rossi Monti, filho do historiador da ciência Paolo Rossi, que assim escreve em *Speranze*, Bologna, Il Mulino, 2008, p. 17. O economista da Solitudine del riformista é COFFEE, F., in: *il manifesto*, de 29 de janeiro de 1982, http://www.linkiesta.it/federico-caffe. A próxima citação de Demócrito está em DK, B 248 e em Epicuro, *Máximas capitais*, XXXVII, 152, 1 ss. (E, p. 41). A noção de "véu de ignorância" se encontra em RAWLS, J., *Una teoria della giustizia*, Milano, Feltrinelli, 1982. A escolha de maximizar o mínimo por trás do véu é ainda de John

Rawls, enquanto aquela de maximizar a soma é de Harsanyi, J. C., *L'utilitarismo*, Milano, il Saggiatore, 1988. Os libertários negam a relevância da experiência mental do véu, como por exemplo Nozick, R., *Anarchia, stato e utopia*, Milano, il Saggiatore, 2000. A posição anárquica, ao contrário, é defendida por Vallentyne, P. e van der Bossen, V. (2014), Libertarianism, in: *The Stanford Encyclopedia of Philosophy*, ed. E. Zalta, http://plato.stanford.edu/entries/libertarianism/#LefLib. A importância do conceito de "capacidade" (*capability*) para mensurar a utilidade foi desenvolvida por Sen, A., *Lo sviluppo è libertà*, Milano, Mondadori, 1999. A democracia direta é a dos antigos gregos, estabelecida em Atenas por Clístenes em 508 a.C. Sobre a psicologia social das assembleias, cf. Meeting Up, in: *Economist*, 4th April 2015, http://www.economist.com/news/finance-and-economics/21647680-new-research-hints-ways-making-meetings-more-effective-meeting-up. Sobre a democracia representativa cf. Zagrebelsky, G., *Imparare democrazia*, Torino, Einaudi, 2005. Sobre a desastrosa situação intelectual da Itália, cf. *OECD Skills Outlook* 2013, http://skills.oecd.org/OECD_Skills_Outlook_2013.pdf. O conceito de "satisfatório" em oposição ao de "excelente" deve-se a Simon, H., *Scienza economica e comportamento umano*, Torino, Edizioni di Comunità, 2000. A noção de "democracia substancial" é típica do pensamento político comunista. O conceito de "falsa consciência" foi introduzido por Marx e Engels. Contra a globalização, cf. Stiglitz, J. E., *La globalizzazione e i suoi oppositori*, Torino, Einaudi, 2002; a favor dela, ao invés, temos Bhagwati, J., *Elogio della globalizzazione*, Roma-Bari, Laterza, 2005. Sobre a indigenização, cf. Appadurai, A., *Modernità in polvere*, Milano, Cortina, 2012. Dois belos livros que olham para o futuro e que talvez ND teria recomendado a um jovem italiano são os de Motterlini, M., *La psicoeconomia de Charlie Brown*, Milano, Rizzoli, 2014, e Severgnini, B., *Italiani di domani*, Milano, Rizzoli, 2012.

21. A decisão de pregar um prego na parede. A liberdade

DORATO, M., *Futuro aperto e libertà*, Laterza, Roma-Bari 1997, insiste muito na importância da distinção entre o sentimento de ser livre e o de ser forçado. A forma mitigada de liberdade, também chamada de "compatibilismo", remonta pelo menos a HOBBES, T., *Libertà e necessità*, Milano, Bompiani, 2000; talvez até mesmo a Crisipo: SPINELLI, E. e VERDE, F., Alle radici del libero arbitrio? Aporie e soluzioni nelle filosofie ellenistiche, in: DE CARO, M.; MORI, M. e SPINELLI, E. (eds.), *Libero arbitrio. Storia di una controversia filosofica*, Roma, Carocci, 2014, p. 59-98. Sobre o determinismo, cf. FANA, V. e MACRELLI, R., Il determinismo: un'introduzione epistemologica, in: BORDONI, S. e MATERA, S. (eds.), *Forecasting the Future*, vol. 6, Isonomia-Epistemologica, Urbino, 2014, p. 13-30, http://isonomia.uniurb.it/sites/default/files/Bordoni%20%26%20Matera,%20Forecasting%20the%20future.%20Scientific,%20Philosophical,%20and%20Historical%20Perspectives.pdf. A citação de Demócrito está em DK, A 1, 45. POPPER, K., *L'universo aperto*, Milano, il Saggiatore, 1984, deduz o indeterminismo do universo de nossa incapacidade de prever. GHIRARDI, G., *Un'occhiata alle carte di Dio*, Milano, il Saggiatore, 1996, deriva o indeterminismo da mecânica quântica; por outro lado, EARMAN, J., *A Primer on Determinism*, Dordrecht, Reidel, 1986, duvida da razoabilidade dessa inferência. Sobre bifurcações e indeterminismo, ver VULPIANI, A., *Caso, probabilità e complessità*, Roma, Ediesse, 2014. O exemplo da encruzilhada é discutido por BERGSON, H., Sui dati immediati della coscienza, in: *Opere 1889-1996*, Milano, Mondadori, 1986, p. 102-104. O fragmento de Epicuro é reportado por Cícero e é o 281 da *Epicurea*, editada por USENER, H., Milano, Bompiani, 2002. O fragmento seguinte de Demócrito está em DK, A 28; aquele de Epicuro está na *Carta a Heródoto*, 63, 1 ss. (E, p. 54). Sobre o problema mente-corpo, ver Kim, J., *La mente e il mondo fisico*, Milano, Mc-Graw-Hill, 2000. A citação seguinte de Epicuro está na *Carta a Pitocles*, 86, 1 ss. (E, p. 65). Sobre o monismo neutro, cf. Stubenberg, L. Neutral Monism, in: *Stanford Encyclopedia of Philosophy*, 2010, http://plato.stanford.edu/entries/neutral-monism/. Sobre a teoria da identidade e do livre-arbítrio, ver Gozzano, S., *Pensieri materiali*, Torino, UTET, 2007. Em geral, sobre o livre arbítrio, cf. De Caro, M., *Il libero arbitrio. Una introduzione*, Roma-Bari, Laterza, 2004. Sobre a relação entre neurociências e responsabilidade penal Greene, J. e Cohen, J., For the Law, Neurosciences Change Nothing and Everything, in: *Philosophical Transactions of the Royal Society of London B*, 359, 2004, p. 1775-1785. A ideia de que a liberdade seja o sentir-se parte de um projeto global remonta a Hegel, G. W. F., *Lineamenti di filosofia del diritto*, Roma-Bari, Laterza, 1979, § 57; retomada com convicção pelo pensamento comunista. Por outro lado, a tese de que qualquer privação de liberdade não deve ser arbitrária é de Pettit, P., *Repubblicanesimo*, Milano, Feltrinelli, 2000.

22. Não apenas uma folhinha de capim. A possibilidade

A noção de "prolepsis" em Epicuro está em E, p. 126-127. O conceito de "intencionalidade", isto é, da capacidade humana de se referir a algo diferente de si mesmo, foi introduzido na filosofia moderna por Franz Brentano, cf. Fano, V., *La filosofia della evidenza*, Bologna, CLUEB, 1993, cap. 5. Sobre a percepção como antecipação, cf. Husserl, E., *Ricerche logiche*, Milano, il Saggiatore, 1982, *Sesta ricerca*. Sobre a capacidade humana de significar, cf. Ibid., *Prima ricerca*. Existem algumas tentativas de compreender naturalisticamente a noção de intencionalidade, cf. GOZZANO, S., *Storia e teorie dell'intenzionalità*, Roma-Bari, Laterza, 1997, cap. 6. Muito interessante são: a abordagem eliminativista de DENNETT, D., *L'atteggiamento intenzionale*, Bologna, Il Mulino, 1993, aquela que reduz a intencionalidade à informação de DRETSKE, F., *Naturilizing the Mind*, Cambridge (MA), MIT Press, 1995, aquela que a reconduz à noção de computação de FODOR, J., *Mente e linguaggio*, Roma-Bari, Laterza, 2001, e, enfim, aquela de MILLIKAN, R. G., *Delle idee chiare e confuse. Saggio sui concetti di sostanza*, Pisa, ETS, 2003, que busca uma explicação da intencionalidade na teoria da evolução. Sobre a imaginação, ver FERRETTI, F., *Pensare vedendo*, Roma, Carocci, 1998. Sobre a relação entre plano normativo e explicativo, ver KELSEN, H., *Teoria generale delle norme*, Torino, Einaudi, 1985. A citação de Epicuro é extraída da *Carta a Meneceu*, 122, 1 seg. (E, p. 31).

Edições Loyola

editoração impressão acabamento

Rua 1822 nº 341 – Ipiranga
04216-000 São Paulo, SP
T 55 11 3385 8500/8501, 2063 4275
www.loyola.com.br